Johann-Georg Vogelhuber

Über die Hopf-Invariante

GRIN Verlag

Bibliografische Information der Deutschen Nationalbibliothek:

Die Deutsche Bibliothek verzeichnet diese Publikation in der Deutschen Nationalbibliografie; detaillierte bibliografische Daten sind im Internet über http://dnb.d-nb.de/ abrufbar.

Impressum:

Druck und Bindung: Books on Demand GmbH, Norderstedt Germany
ISBN: 978-3-640-82128-0

Dieses Buch bei GRIN:

http://www.grin.com/de/e-book/165881/ueber-die-hopf-invariante

Fakultät für Mathematik
Universität Bielefeld
Postfach 100131
D-33501 Bielefeld

SS 2006

Diplomarbeit

Über die Hopf-Invariante

vorgelegt von

Johann-Georg Vogelhuber

24. Juli 2006

Inhaltsverzeichnis

1 Einleitung

Heinz Hopf führte 1931 die heute nach ihm benannte Invariante folgendermaßen ein (vgl. [Hop]): Sei $f\colon S^3 \to S^2$ eine simpliziale Abbildung und p, q seien verschiedene innere Punkte von 2-Simplizes aus S^2. Dann sind die Urbilder $f^{-1}(p)$ und $f^{-1}(q)$ Zykel in S^3. Diese Zykel können miteinander verschlungen sein und ihre Verschlingungszahl gibt den Grad der Verschlingung an. Hopf zeigte, dass diese Zahl nur von der Homotopieklasse von f abhängt.

Im Jahr 1935 verallgemeinerte Hopf in [Hop35] diese Definition auf simpliziale Abbildungen $f\colon S^{2n-1} \to S^n$. In diesem Fall ist die Verschlingungszahl zweier "Urbildzykel" definiert und die Betrachtungen aus dem Fall $S^3 \to S^2$ lassen sich ohne Probleme übertragen.

Steenrod übersetzte 1949 in [Ste49] die Hopfsche Definition in die singuläre Kohomologie. Ist $f\colon S^{2n-1} \to S^n$ eine Abbildung und S_f der Abbildungszylinder von f, so hat der Kohomologiering

$$H^\bullet(S_f, S^{2n-1})$$

als homogene $\mathbb{Z}$-Basis ein Paar $\{\alpha, \beta\}$ mit $\dim \alpha = n$ und $\dim \beta = 2n - 1$. Die Hopf-Invariante nach Steenrod ist dann die ganze Zahl $\check{\gamma}$, die die Relation

$$\alpha \smile \alpha = \check{\gamma}\beta$$

erfüllt. Dabei bezeichnet $\smile$ das Cup-Produkt.

In [Whi50] verallgemeinerte G.W. Whitehead 1951 die Definition von Hopf indem er einen Homomorphismus

$$H\colon \pi_q(S^{n+1}) \to \pi_q(S^{2n+1})$$

für $q < 3n - 3$ definierte. Dieser Homomorphismus verallgemeinert die ursprüngliche Definition im folgenden Sinne. Die Hopf-Invariante liefert einen Homomorphismus von $\pi_{2n-1}(S^n)$ nach $\mathbb{Z}$. Nun ist die Gruppe $\pi_{2n-1}(S^{2n-1})$ isomorph zu $\mathbb{Z}$. Wählt man den Isomorphismus zwischen diesen Gruppen geeignet, so stimmt für $q = 2n - 1$ der Homomorphismus, den man aus der Hopf-Invariante erhält, mit H überein.

Von Serre wurde dann 1953 gezeigt, dass sich die Steenrod'sche Definition der Hopf-Invariante auch schreiben lässt als der natürliche Isomorphismus von $\pi_{2n-1}(S^n)$ nach $\pi_{2n-2}(\Omega S^n)$ gefolgt vom Hurewicz-Homomorphismus φ (vgl. [Ser53]):

$$\pi_{2n-1}(S^n) \xrightarrow{\cong} \pi_{2n-2}(\Omega S^n) \xrightarrow{\varphi} H_{2n-2}(\Omega S^n) \cong \mathbb{Z}.$$

In dieser Arbeit betrachten wir diese Definitionen der Hopf-Invariante. Um die Notation zu vereinheitlichen ersetzen wir dabei n durch $n+1$ und q durch $q+1$, so dass wir die Definitionen von Hopf und Steenrod für Abbildungen

$$f\colon S^{2n+1} \to S^{n+1}$$

geben und die verallgemeinerte Hopf-Invariante nach Whitehead ein Homomorphismus

$$H\colon \pi_{q+1}(S^{n+1}) \to \pi_{q+1}(S^{2n+1})$$

ist.

Wir werden zeigen, dass die gegebenen Definitionen im Fall $q = 2n$ bis auf Vorzeichen übereinstimmen. Da das Vorzeichen der Hopf-Invariante jeweils von der Wahl der entsprechenden Erzeuger abhängig ist, kann mehr als eine Übereinstimmung bis auf Vorzeichen nicht erwartet werden.

Das Kapitel 2 beinhaltet dazu eine Übersicht über die verwendeten topologischen Methoden und gibt eine kurze Einführung in Spektralfolgen. In Kapitel 3 werden wir einen Überblick über die Definitionen von Hopf, Steenrod und Whitehead geben und dann in Kapitel 4 die Beziehung zwischen diesen Definitionen herstellen.

Dazu werden wir zunächst zeigen, dass die Definition von Whitehead für $q = 2n$ mit der Definition von Hopf übereinstimmt (Satz 4.1.6). Das Bindeglied zwischen diesen beiden Beschreibungen ist dabei das "Linksdistributivgesetz"

$$(\beta_1 + \beta_2) \circ \alpha = \beta_1 \circ \alpha + \beta_2 \circ \alpha + [\beta_1, \beta_2] \circ H(\alpha).$$

für $\alpha \in \pi_{q+1}(S^{n+1}), \beta_1, \beta_2 \in \pi_{n+1}(X)$ und $q \leq 3n-2$ (Satz 4.1.5). Wir zeigen erst die Gültigkeit dieser Gleichung und wenden anschließend die Hopf-Invariante γ auf diese Gleichung an. Mit den Eigenschaften der Hopf-Invariante erhalten wir dann die Übereinstimmung.

Danach zeigen wir dass die Definition von Whitehead im Fall $q = 2n$ auch mit der Beschreibung der Hopf-Invariante übereinstimmt, die von Serre in [Ser53] gezeigt wurde (Satz 4.2.2, Proposition 4.2.3). Dies folgt mit der Natürlichkeit des Hurewicz-Homomorphismus und dem Hurewicz-Isomorphismus-Theorem.

Anschließend sehen wir, dass diese Definition von Serre der Steenrod'schen Definition entspricht (Satz 4.2.7). Dazu sei $f\colon S^{2n+1} \to S^{n+1}$ eine Abbildung, PS_f der Raum der Wege im Abbildungszylinder S_f, die im Basispunkt beginnen, und $P_{S^{2n+1}}S_f$ der Unterraum der Wege, die in $S^{2n+1} \subset S_f$ enden. Wir berechnen dann die Ordnung der Kohomologiegruppe

$$H^{2n}(PS_f, P_{S^{2n+1}}S_f)$$

auf zwei verschiedene Weisen. Einmal betrachten wir die Abbildung $f'\colon S^{2n} \to \Omega S^{n+1}$, die unter dem kanonischen Isomorphismus $\pi_{2n+1}(S^{n+1}) \to \pi_{2n}(\Omega S^n)$ der Abbildung f "entspricht", und sehen mit Hilfe der Einschränkung der Wegefaserung von S_f auf S^{2n+1}, dass die Ordnung von $H^{2n}(PS_f, P_{S^{2n+1}}S_f)$ dem Grad der induzierten Abbildung

$$f'_*\colon H_{2n}(S^{2n}) \to H_{2n}(\Omega S^{n+1})$$

entspricht (Proposition 4.2.5). Danach berechnen wir die Ordnung dieser Gruppe mittels der Spektralfolge für die relative Wegefaserung

$$\Omega S_f \hookrightarrow (PS_f, P_{S^{2n+1}}S_f) \to (S_f, S^{2n+1})$$

und erhalten, dass $H^{2n}(PS_f, P_{2n+1}S_f)$ genau dann unendlich zyklisch ist, wenn für gewählte Erzeuger $\hat{\eta}_f$ von $H^{n+1}(S_f, S^{2n+1})$ und $\delta^*(\xi)$ von $H^{2n+2}(S_f, S^{2n+1})$ das Cup-Produkt $\hat{\eta}_f \smile \hat{\eta}_f$ gleich 0 ist und dass $H^{2n}(PS_f, P_{S^2n+1}S_f)$ Ordnung m hat, genau dann wenn

$$\hat{\eta}_f = \hat{\eta}_f = m\delta^*(\xi)$$

gilt (Proposition 4.2.6). Aufgrund der Tatsache, dass der Hurewicz-Homomorphismus für $[f'] \in \pi_{2n}(\Omega S^{n+1})$ den Grad der induzierten Abbildung f'_* liefert, erhalten wir dann die Übereinstimmung zwischen der Definition von Serre mit der von Steenrod (Satz 4.2.7).

Abschließend werden wir die Betrachtungen, die wir beim Vergleich zwischen verallgemeinerter Hopf-Invariante nach Whitehead und der ursprünglichen Definition gemacht haben, weiterführen und sehen, dass die Hopf-Invariante als Homomorphismus

$$\pi_{2n+1}(S^{n+1}) \to \mathbb{Z}$$

schon durch ihre Eigenschaften bestimmt ist (Satz 4.3.1).

Insgesamt werden wir in dieser Arbeit die folgende Beziehung zwischen den Definitionen zeigen:

Für $n \geq 2$ und $[f] \in \pi_{2n+1}(S^{n+1})$ gilt

$$|\gamma[f]| \overset{\text{Satz 4.1.5}}{=} |H'[f]| \overset{\text{Prop. 4.2.1}}{=} |H[f]| \overset{\text{Satz 4.2.2}}{=} |\varphi \circ \eta^{-1}[f]| \overset{\text{Satz 4.2.7}}{=} |\tilde{\gamma}[f]|.$$

2 Topologische Grundlagen und Vorbemerkungen

2.1 Konventionen

Alle Räume, die wir betrachten werden, sollen topologische Räume sein. Die betrachteten Abbildungen zwischen diesen Räumen sind immer als stetig vorausgesetzt.

Ist $A \subseteq X$ so bezeichnen wir mit $\dot{A} \subseteq X$ den Rand von A und wir nennen (X, A) auch ein Raumpaar. Weiter sei E^n der Teilraum von $\mathbb{R}^n$, der gegeben ist durch

$$E^n := \{x \in \mathbb{R}^n \colon \|x\| \leq 1\}.$$

Mit S^n bezeichnen wir die n-Sphäre

$$S^n := \{x \in \mathbb{R}^{n+1} \colon \|x\| = 1\} = \dot{E}^{n+1}.$$

Mit dem Symbol $\vee$ bezeichnen wir die punktierte Summe von topologischen Räumen und mit $\sqcup$ die disjunkte Vereinigung.

Ist G eine abelsche Gruppe, und schreiben wir $H_\bullet(\cdot; G)$, bzw. $H^\bullet(\cdot; G)$, so meinen wir die Homologie bzw. Kohomologie mit Koeffizienten in G. Im Fall $G = \mathbb{Z}$ schreiben wir nur $H_\bullet(\cdot)$ und $H^\bullet(\cdot)$. Die von einer Abbildung $f \colon X \to Y$ induziert Abbildungen in der Homologie und Kohomologie bezeichnen wir mit $f_* \colon H_\bullet(X) \to H_\bullet(Y)$ und $f^* \colon H^\bullet(Y) \to H^\bullet(X)$. Dabei steht das Symbol $\bullet$ für einen beliebigen Index.

Das Cup-Produkt

$$H^p(X, A) \otimes_{\mathbb{Z}} H^q(X, B) \to H^{p+q}(X, A \cup B)$$

bezeichnen wir mit dem Symbol $\smile$.

Mit $\pi_n(X, *)$ bezeichnen wir die Homotopie-Gruppen für einen punktierten Raum $(X, *)$. Mit $*$ werden wir auch den gewählten Basispunkt von beliebigen Räumen bezeichnen. Ist der Raum X einfach-zusammenhängend, so hängt $\pi_n(X, *)$ bekanntlich nicht vom Basispunkt $*$ ab. In diesem Fall schreiben wir auch nur $\pi_n(X)$ für $\pi_n(X, *)$. Eine Abbildung $f \colon X \to Y$ induziert durch $[g] \mapsto [fg]$ eine Abbildung

$$f_\sharp \colon \pi_n(X, *) \to \pi_n(Y, *).$$

Mit $\star$ bezeichnen wir das Produkt von Wegen $\omega, \omega' \colon [0,1] \to X$, mit $\omega(1) = \omega'(0)$, das gegeben ist durch

$$\omega \star \omega'(t) = \begin{cases} \omega(2t) & 0 \leq t \leq \frac{1}{2}, \\ \omega'(2t-1) & \frac{1}{2} \leq t \leq 1. \end{cases}$$

Mit unseren weiteren Bezeichnungen orientieren wir uns an [Hat02] und für Spektralfolgen an [Hat04].

2.2 Faserungen

Sei Y ein topologischer Raum und $\alpha \colon X \to B$ eine Abbildung. Dann hat α die **Homotopie-Hochhebungs-Eigenschaft** bezüglich Y, wenn es zu einem gegebenen kommutativen Diagramm

$$\begin{array}{ccc} Y \times \{0\} & \longrightarrow & X \\ \big\downarrow & & \big\downarrow \alpha \\ Y \times [0,1] & \longrightarrow & B \end{array}$$

eine Abbildung $Y \times [0,1] \to X$ gibt, die das Diagramm kommutativ erweitert.

2.2.1 Definition (Faserung). Eine Abbildung $\alpha \colon X \to B$ heißt **Faserung**, wenn sie die Homotopie-Hochhebungs-Eigenschaft bezüglich aller topologischer Räume besitzt. Den Raum $F_{b_0} = \alpha^{-1}(\{b_0\})$ nennt man eine **Faser** von α.

Ist der Raum B wegzusammenhängend, so sind alle Fasern F_{b_0} homotopieäquivalent (vgl. [Hat02, Seite 405, Proposition 4.6.1]). In diesem Fall nennen wir $F = F_{b_0}$ die Faser von α.

2.2.2 Definition (Wegefaserung). Sei $(B, *)$ ein punktierter topologischer Raum,

$$PB := \{\omega \colon [0,1] \to B \text{ stetig mit } \omega(0) = *\},$$

und $\alpha \colon PB \to B$ definiert durch

$$\alpha(\omega) = \omega(1).$$

Die Abbildung α ist eine Faserung und wird **Wegefaserung** von B genannt.

Für die Faser $F_{\{*\}} = \alpha^{-1}(\{*\})$ der Wegefaserung gilt:

$$F_{\{*\}} = \{\omega \colon [0,1] \to B : \omega \text{ stetig }, \omega(0) = * = \omega(1)\} = \Omega B.$$

Den Raum PB nennt man dabei auch Pfadraum und ΩB wird auch als Schleifenraum bezeichnet.

Faserungen induzieren folgende Isomorphismen zwischen Homotopiegruppen (siehe [Spa66, Seite 377, Corollary 9])

2.2.3 Proposition. *Sei* $\alpha\colon X \to B$ *eine Faserung und* $F = \alpha^{-1}(\{*\})$. *Dann induziert* α *eine Bijektion*

$$\alpha_\sharp\colon \pi_n(X, F, *) \cong \pi_n(B, *).$$

Unter bestimmten Bedingungen induziert eine Faserung auch Isomorphismen in der Homologie. Wir benötigen allerdings nur den folgenden Spezialfall

2.2.4 Proposition. *Sei* $\alpha\colon X \to B$ *eine Faserung mit Faser* F. *Die Räume* B *und* F *seien wegzusammenhängend und* $\pi_1(B, *)$ *sei trivial. Gilt* $H_q(B) = 0$ *für* $q < n$ *und* $H_q(F) = 0$ *für* $0 < q < m$, *so ist der Homomorphismus*

$$\alpha_*\colon H_q(X, F) \to H_q(B)$$

ein Isomorphismus für $q < n + m - 1$.

Diese Proposition ergibt sich aus [Spa66, Seite 483, Lemma 4] mit $B' = \{*\}$, da eine Faserung für die die Fundamentalgruppe des Basisraums trivial ist, nach [Spa66, Seite 476, Theorem 5(a)] orientierbar ist.

2.3 Bemerkungen zu Homologie und Kohomologie

In dieser Arbeit wird die Existenz von exakten Homologie- bzw. Kohomologie-Sequenzen für Raumpaare (X, A) benötigt. An die Gestalt dieser Sequenzen wollen wir kurz erinnern.

Für jedes Raumpaar (X, A) gibt es eine lange exakte Sequenz

$$\ldots \to H_n(A) \xrightarrow{i_*} H_n(X) \xrightarrow{j_*} H_n(X, A) \xrightarrow{\partial} H_{n-1}(A) \xrightarrow{i_*} H_{n-1}(X) \to \ldots$$

Diese Sequenz nennen wir auch die **Homologie-Sequenz für das Paar** (X, A). Dabei bezeichnen $i\colon A \to X$ und $j\colon X = (X, \emptyset) \to (X, A)$ die Inklusionen und ∂ heißt Verbindungshomomorphismus. Genauso gibt es eine exakte **Kohomologie-Sequenz für das Paar** (X, A):

$$\ldots \to H^n(X, A) \xrightarrow{j^*} H^n(X) \xrightarrow{i^*} H^n(A) \xrightarrow{\delta} H^{n+1}(X, A) \xrightarrow{j^*} H^{n+1}(X) \to \ldots$$

Dabei bezeichnen i und j wieder die Inklusionen und δ den Verbindungshomomorphismus.

Da wir mit Spektralfolgen für die Wegefaserung rechnen werden, benötigen wir die Homologiegruppen des Schleifenraums

$$\Omega S^n := \{\omega\colon [0, 1] \to S^n \text{ mit } \omega(0) = \omega(1)\}.$$

Für diese Gruppen gilt:

2.3.1 Proposition. *Es gilt*

$$H_i(\Omega S^n) = \begin{cases} \mathbb{Z} & i = k \cdot (n-1), k \in \mathbb{N}, \\ 0 & \textit{sonst.} \end{cases}$$

Ein Beweis für diese Proposition kann man in [Hat04, Seite 9-10, Example 1.5] finden. Genauso benötigen wir die Homologiegruppen der Sphären. Es ist wohl bekannt, das diese Gruppen die folgende Gestalt haben:

2.3.2 Proposition. *Es gilt*

$$H_i(S^n) = \begin{cases} \mathbb{Z} & i = 0, n, \\ 0 & \textit{sonst}. \end{cases}$$

In den folgenden Kapiteln werden wir Serre-Spektralfolgen für Kohomologie betrachten. Dabei werden Gruppen der Form $H^p(X; H^q(F))$ auftreten. Um mit diesen Gruppen arbeiten zu können, benötigen wir den folgenden Satz: (vgl. [Spa66, Seite 246, Theorem 10]).

2.3.3 Satz. *Ist (X, A) ein Raumpaar, und ist die die abelsche Gruppe G endlich erzeugt, so gibt es exakte Sequenzen*

$$0 \to H^n(X, A) \otimes G \to H^n(X, A; G) \to \mathrm{Tor}_1(H^{n+1}(X, A), G) \to 0$$

für alle n. Diese Sequenzen spalten.

2.3.4 Bemerkung. Ist $H^{n+1}(X, A)$ torsionsfrei, so ist $\mathrm{Tor}_1(H^{n+1}(X, A), G) = 0$ und aus dieser exakten Sequenz folgt

$$H^n(X, A; G) \cong H^n(X, A) \otimes G.$$

Die Beziehung zwischen Homologie- und Kohomologiegruppen lässt sich durch den Universellen Koeffizientensatz für Kohomologie ausdrücken ([Hat02, Seite 195, Theorem 3.2]).

2.3.5 Satz (Universeller Koeffizientensatz für Kohomologie). *Ist C ein Kettenkomplex von frei erzeugten abelschen Gruppen mit Homologie-Gruppen $H_n(C)$, so sind die Kohomologiegruppen $H^n(C; G)$ des Koketten-Komplexes* $\mathrm{Hom}(C_n, G)$ *gegeben durch die exakte Sequenz*

$$0 \to \mathrm{Ext}^1(H_{n-1}(C), G) \to H^n(C; G) \to \mathrm{Hom}(H_n(C), G) \to 0.$$

Diese Sequenz spaltet.

2.3.6 Bemerkung. Ist H eine endlich erzeugte abelsche Gruppe, so ist $\mathrm{Ext}^1(H; \mathbb{Z})$ isomorph zur Torsionsuntergruppe von H und $\mathrm{Hom}(H; \mathbb{Z})$ ist isomorph zum freien Teil von H. Also folgt aus dem obigen Satz: Ist C ein Kettenkomplex von frei erzeugten abelschen Gruppen, und sind die Homologiegruppen $H_{n-1}(C)$ und $H_n(C)$ von C endlich erzeugt, so gilt

$$H^n(C) \cong (H_n(C)/T_n) \oplus T_{n-1}.$$

Dabei bezeichnen $T_{n-1} \subset H_{n-1}(C)$ und $T_n \subset H_n$ die Torsionsuntergruppen. Sind $H_n(C)$ und $H_{n-1}(C)$ torsionsfrei, so gilt insbesondere

$$H^n(C) \cong H_n(C).$$

2.3.7 Bemerkung. Mit den Proposition 2.3.2 und 2.3.1 folgt aus diesen Überlegungen

$$H^i(S^n) \cong H_i(S^n) \cong \begin{cases} \mathbb{Z} & i = 0, n, \\ 0 & \text{sonst}, \end{cases}$$

und

$$H^i(\Omega S^n) \cong H_i(\Omega S^n) \cong \begin{cases} \mathbb{Z} & i = k \cdot (n-1), k \in \mathbb{N}, \\ 0 & \text{sonst}. \end{cases}$$

für alle i

Schließlich benötigen wir noch die Wang-Sequenz für Faserungen über Sphären (vgl. [Spa66, Corollary 6, Seite 456]).

2.3.8 Satz (Wang Homologiesequenz). *Sei $\alpha\colon X \to S^n$ eine Faserung mit Faser F. Dann gibt es eine lange exakte Sequenz*

$$\ldots \to H_q(F) \to H_q(X) \to H_{q-n}(F) \to H_{q-1}(F) \to \ldots$$

2.4 Beziehung zwischen Homologie und Homotopie

Wir sehen in diesem Abschnitt $\pi_n(X, A, *)$ für $n > 0$ als Homotopieklassen von Abbildungen

$$(E^n, \dot{E}^n, *) \to (X, A, *)$$

an. Dann kann man eine Abbildung

$$\partial\colon \pi_n(X, A, *) \to \pi_{n-1}(A, *)$$

für $f\colon (E^n, \dot{E}^n) \to (X, A)$ definieren durch

$$\partial([f]) = [f|_{\dot{E}_n}].$$

Nach dieser Definition ist klar, dass für eine Abbildung $g\colon (X, A, *) \to (X', A', *)$ das Diagramm

$$\begin{array}{ccc} \pi_n(X, A, *) & \xrightarrow{\partial} & \pi_{n-1}(A', *) \\ {\scriptstyle g_\sharp}\downarrow & & \downarrow{\scriptstyle g|_{A\sharp}} \\ \pi_n(X, A', *) & \xrightarrow{\partial} & \pi_{n-1}(A', *) \end{array}$$

kommutiert. Das heißt ∂ ist eine natürliche Transformation zwischen den Funktoren $\pi_n(X, A)$ und $\pi_n(A)$ auf der Kategorie von Paaren (X, A) von punktierten Räumen. Den Homomorphismus ∂ nennt man auch **Randoperator** und es gibt die folgende **exakte Homotopiesequenz** für ein Paar (X, A) (vgl. [Spa66, Seite 374, Theorem 3]):

$$\ldots \to \pi_{n+1}(X, A, *) \xrightarrow{\partial} \pi_n(A, *) \xrightarrow{i_\sharp} \pi_n(X, *) \xrightarrow{j_\sharp} \pi_n(X, A, *) \to \ldots$$

Weiter kann man einen Homomorphismus zwischen Homotopie- und Homologiegruppen definieren durch

$$\varphi\colon \pi_n(X, A, *) \to H_n(X, A)$$
$$\varphi([f]) = f_*(\sigma),$$

wobei σ einen festen Erzeuger von $H_n(E^n, \dot{E}^n) \cong \mathbb{Z}$ bezeichnet, und

$$f_*\colon H_n(E^n, \partial E^n) \to H_n(X, A)$$

von f induziert ist. Sind $f, g\colon (E^n, \dot{E}^n, *) \to (X, A, *)$ homotope Abbildungen, so gilt $f_* = g_*$ und damit ist φ wohldefiniert. Durch Identifikation der Gruppe $\pi_n(X, *)$ mit $\pi_n(X, \{*\}, *)$ erhalten wir auch eine Abbildung

$$\varphi\colon \pi_n(X, *) \to H_n(X, *).$$

Die Abbildung φ erfüllt folgende wesentliche Eigenschaften:

1. Die Abbildung φ ist für $n = 1$ und $A = \{x_0\}$ oder für $n \geq 2$ ein Homomorphismus.

2. Wählt man den Erzeuger von $H_{n-1}(E^{n-1}, \dot{E}^{n-1})$ passend, so gibt es für $n \geq 2$ ein kommutatives Diagramm

$$\begin{array}{ccc} \pi_n(X, A, *) & \xrightarrow{\partial} & \pi_{n-1}(A, *) \\ \downarrow{\scriptstyle\varphi} & & \downarrow{\scriptstyle\varphi} \\ H_n(X, A) & \xrightarrow[\partial]{} & H_{n-1}(A) \end{array}$$

Dabei bezeichnet $\partial\colon H_n(X, A) \to H_{n-1}(A)$ den Verbindungshomomorphismus, den man aus der Homologiesequenz für das Paar (X, A) erhält (vgl. Abschnitt 2.3).

3. Für $f\colon (X, A, *) \to (Y, B, *)$ gibt es ein kommutatives Diagramm

$$\begin{array}{ccc} \pi_n(X, A, *) & \xrightarrow{f_\sharp} & \pi_n(Y, B, *) \\ \downarrow{\scriptstyle\varphi} & & \downarrow{\scriptstyle\varphi} \\ H_n(X, A) & \xrightarrow[f_*]{} & H_n(Y, B) \end{array}$$

Das heißt φ ist eine natrliche Transformation zwischen den Funktoren $\pi_n(X, A)$ und $H_n(X, A)$ auf der Kategorie von Paaren (X, A) von punktierten Räumen.

Für einen Beweis dieser Eigenschaften siehe z.B. [Spa66, Seite 389, Theorem 3]. Die Abbildung φ wird auch **Hurewicz-Homomorphismus** genannt.

In den folgenden Kapiteln werden wir diesen Homomorphismus immer mit dem Symbol φ bezeichnen.

2.4.1 Bemerkung. Sei $[f] \in \pi_{2n}(\Omega S^{n+1})$, dann entspricht die induzierte Abbildung

$$f_*\colon \mathbb{Z} \cong H_{2n}(S^{2n}) \to H_{2n}(\Omega S^{n+1}) \cong \mathbb{Z},$$

der Multiplikation mit einer ganzen Zahl m. Bezeichnet σ den gewählten Erzeuger von $H_{2n}(S^{2n})$, so gilt nach Definition des Hurewicz-Homomorphismus

$$\varphi([f]) = f_*(\sigma) = m.$$

Unter bestimmten Bedingungen liefert der Homomorphismus φ einen Isomorphismus zwischen Homotopie- und Homologie-Gruppen ([Spa66, Seite 397, Theorem 4]):

2.4.2 Satz (Hurewicz-Isomorphismus). *Sei (X, A) ein Raumpaar, wobei A und X einfachzusammenhängend sind. Sei weiter $n \geq 2$ und sämtliche relativen Homotopiegruppen $\pi_i(X, A, *)$ für $i \leq n-1$ seien trivial. Dann sind auch alle Homologiegruppen $H_i(X, A)$ für $i \leq n-1$ trivial, und die Abbildung*

$$\varphi\colon \pi_n(X, A, *) \to H_n(X, A)$$

ist ein Isomorphismus.

2.5 Einhängung und Schleifenräume

Für einen Raum $(X, *)$ ist die reduzierte **Einhängung** ΣX von X definiert als der Raum

$$(X \times [0,1])/[(X \times \{0\}) \cup (X \times \{1\}) \cup (* \times [0,1])].$$

Das heißt man erhält die Einhängung aus dem Zylinder $X \times [0,1]$ durch Zusammenschlagen der "Deckel" $X \times 0$ und $X \times 1$, sowie der "Verbindungslinie" $* \times [0,1]$ zu einem Punkt.

Die reduzierte Einhängung werden wir im Folgenden auch nur mit Einhängung bezeichnen, da in den Fällen die wir betrachten, reduzierte Einhängung und Einhängung homotopieäquivalent sind und wir die normale Einhängung nicht verwenden.

Für S^n gilt offensichtlich

$$\Sigma S^n \cong S^{n+1}.$$

Ist $f\colon (X, *) \to (Y, *)$ eine Abbildung, so liefert die Einhängung eine Abbildung

$$\Sigma f\colon (\Sigma X, *) \to (\Sigma Y, *).$$

Die Abbildung Σf ist dabei definiert als die Quotientenabbildung von

$$f \times 1\colon X \times [0,1] \to Y \times [0,1].$$

Sind $f, g\colon (X, *) \to (Y, *)$ homotope Abbildungen, so sind auch ihre Einhängungen Σf und Σg homotop zueinander. Also definiert Σ einen Homomorphismus

$$\Sigma\colon \pi_{n-1}(X, *) \to \pi_n(\Sigma X, *).$$

Für diese Abbildung gilt der folgende Satz von Freudenthal (vgl. [Hat02, Seite 360, Corollary 4.24])

2.5.1 Satz (Freudenthal). *Die Abbildung*

$$\Sigma\colon \pi_{m-1}(S^{n-1},*) \to \pi_m(S^n,*)$$

ist ein Isomorphismus für $m < 2n-2$ und ein Epimorphismus für $m = 2n-2$.

Die in Abschnitt 2.2 definierten Schleifenräume wollen wir hier kurz näher betrachten. Nach [Hat02, Proposition A.14, Seite 530] gilt die folgende Aussage

2.5.2 Proposition. *Ist Y lokal-kompakt, so ist die Abbildung $f\colon Y \times Z \to X$ genau dann stetig, wenn die Abbildung*

$$\begin{aligned} \hat{f}\colon Z &\to X^Y \\ \hat{f}(z)(y) &= f(y,z) \end{aligned}$$

stetig ist.

Diese Proposition ermöglicht es, einen Homomorphismus η zwischen den Gruppen $\pi_q(\Omega S^{n+1})$ und $\pi_{q+1}(S^{n+1})$ zu definieren. Für $f\colon (E^q, S^{q-1}) \to (\Omega S^{n+1}, \varepsilon)$ definiere

$$\begin{aligned} \bar{f}\colon (E^{q+1}, S^q) &\to (S^{n+1},*) \\ (x,t) &\mapsto f(x)(t). \end{aligned}$$

Der Homomorphismus $\eta\colon \pi_q(\Omega S^{n+1}) \to \pi_{q+1}(S^{n+1})$ ist dann gegeben durch

$$\eta([f]) = [\bar{f}].$$

Für η gibt es eine Umkehrung η^{-1}. Dazu definiere für $g\colon (E^{q+1}, S^q) \to (S^{n+1},*)$ die Abbildung $\bar{g}\colon (E^q, S^{q-1}) \to (\Omega S^{n+1}, \varepsilon)$ durch

$$\bar{g}(x) = g(x,\cdot).$$

Dann ist $\eta^{-1}\colon \pi_{q+1}(S^{n+1}) \to \pi_q(\Omega S^{n+1})$ gegeben durch

$$\eta^{-1}([g]) = [\bar{g}].$$

Es gibt also eine Korrespondenz zwischen den Homotopiegruppen $\pi_{q+1}(S^{n+1})$ und $\pi_q(\Omega S^{n+1})$.

2.6 Der Abbildungszylinder

In diesem Abschnitt wollen wir kurz auf den Begriff des Abbildungszylinders eingehen.

2.6.1 Definition (Abbildungszylinder). Sei $f\colon X \to Y$ eine Abbildung. Definiere auf $(X \times I) \sqcup Y$ eine Äquivalenzrelation $\sim$ durch $(x,0) \sim f(x)$ für alle $x \in X$. Setze

$$Y_f := ((X \times I) \sqcup Y)/\sim .$$

Wir nennen Y_f den **Abbildungszylinder** von f.

Ist Y_f der Abbildungszylinder für $f\colon X \to Y$, so kann X also $X \times 1$ in Y_f eingebettet werden. Das heißt wir können X als Teilraum von Y_f ansehen, indem wir X mit $X \times 1$ identifizieren. Weiter ist $Y \times 0 \cong Y$ ein Deformationsretrakt von Y_f. Die Retraktion $r\colon Y_f \to Y$ ist dabei gegeben durch $r([x,t]) = [f(x)]$ und $r([y]) = [y]$.

Für den Abbildungszylinder gibt es die folgende lange Kohomologiesequenz:

2.6.2 Proposition. *Sei $f\colon X \to Y$ eine stetige Abbildung. Dann gibt es eine exakte Sequenz*

$$\ldots \to H^{q-1}(X) \xrightarrow{\delta^*} H^q(Y_f, X) \to H^q(Y) \xrightarrow{f^*} H^q(X) \to \ldots$$

Dabei wird die Abbildung δ^* vom Korand-Operator induziert.

Beweis. Bezeichne mit $g\colon Y \to (Y_f, X)$ und $h\colon Y \hookrightarrow Y_f$ die Inklusionen. Dann ist die Komposition $h \circ f$ homotop zur Inklusion $i\colon X \hookrightarrow Y_f$. Für die Inklusion $j\colon Y_f \to (Y_f, X)$ gilt weiter $j \circ h = g$. Nun ist $h \circ r$ homotop zur Identität. Also ist h eine Homotopieäquivalenz und induziert damit einen Isomorphismus $h_*\colon H^q(Y) \to H^q(Y_f)$. Das heißt wir haben mit der Kohomologiesequenz für das Paar (Y_f, X) folgendes Diagramm

$$\begin{array}{ccccccccc} \cdots \longrightarrow & H^{q-1}(X) & \xrightarrow{\delta^*} & H^q(Y_f, X) & \xrightarrow{j^*} & H^q(Y_f) & \xrightarrow{i^*} & H^q(X) & \longrightarrow \cdots \\ & & & & \searrow^{g^*} & \cong \downarrow h^* & \nearrow^{f^*} & & \\ & & & & & H^q(Y) & & & \end{array}$$

wobei die Dreiecke kommutativ sind. Aus diesem Diagramm erhalten wir die gesuchte exakte Sequenz. □

Ähnlich wie in [Oss92, Lemma 6.6.12] erhält man für homotope Abbildungen:

2.6.3 Proposition. *Sind $f, g\colon X \to Y$ homotop, so sind ihre Abbildungszylinder Y_f und Y_g homotopieäquivalent.*

2.7 Spektralfolgen

Eine **bigraduierte abelsche Gruppe** E ist eine Familie $(E^{p,q})_{p,q\in\mathbb{Z}}$ von abelschen Gruppen. Ein **Differential** $d\colon E \to E$ vom Bigrad (s,t) ist eine Familie von Homomorphismen

$$(d\colon E^{p,q} \to E^{p+s,q+t})_{p,q\in\mathbb{Z}},$$

mit $d \circ d = 0$. Die **Homologie einer bigraduierten abelschen Gruppe** E **und einem Differential** d **auf** E ist die bigraduierte abelsche Gruppe, die definiert ist durch

$$H(E,d)^{p,q} = \mathrm{Ker}(d\colon E^{p,q} \to E^{p+s,q+t}) / \mathrm{Im}(d\colon E^{p-s,q-t} \to E^{p,q})$$

für $p, q \in \mathbb{Z}$.

2.7.1 Definition (Spektralfolge). Eine **Kohomologie-Spektralfolge** E ist eine Folge $(E_r, d_r)_r, r \geq 1$ von bigraduierten abelschen Gruppen E_r und Differentialen $d_r : E_r \to E_r$ vom Bigrad $(r, 1-r)$, so dass

$$E_{r+1}^{p,q} \cong H(E_r, d_r)_{p,q}$$

für alle $r \geq 1$ und $p, q \in \mathbb{Z}$. Man nennt (E_r, d_r) auch die r-te **Seite** von E.

Sei $(E_r, d_r)_r$ eine Kohomologie-Spektralfolge und setze

$$Z_2^{p,q} = \operatorname{Ker}(d_2 \colon E_2^{p,q} \to E_2^{p+2,q-1}) \text{ und } B_2^{p,q} = \operatorname{Im}(d_2 \colon E_2^{p-2,q+1} \to E_2^{p,q})$$

für alle $p, q \in \mathbb{Z}$. Da $d_2 \circ d_2 = 0$ gilt, folgt $B_2^{p,q} \subseteq Z_2^{p,q}$ und nach Definition gilt

$$E_3^{p,q} \cong Z_2^{p,q} / B_2^{p,q}$$

für alle $p, q \in \mathbb{Z}$. Definiere

$$\overline{Z_3^{p,q}} = \operatorname{Ker}(d_3 \colon E_3^{p,q} \to E_2^{p+3,q-2}) \text{ und } \overline{B_3^{p,q}} = \operatorname{Im}(d_3 \colon E_3^{p-3,q+2} \to E_3^{p,q}).$$

Da $\overline{Z_3^{p,q}}$ eine Untergruppe von $E_3^{p,q}$ ist, können wir $\overline{Z_3^{p,q}}$ schreiben als $Z_3^{p,q}/B_2^{p,q}$, wobei $Z_3^{p,q}$ eine Untergruppe von $Z_2^{p,q}$ ist. Genauso ist $\overline{B_3^{p,q}} \cong B_3^{p,q}/B_2^{p,q}$ für eine Untergruppe $B_3^{p,q}$ von $Z_2^{p,q}$. Damit gilt

$$E_4^{p,q} \cong \overline{Z_3^{p,q}} / \overline{B_3^{p,q}} \cong (Z_3^{p,q}/B_2^{p,q})/(B_3^{p,q}/B_2^{p,q}) \cong Z_3^{p,q}/B_3^{p,q}$$

für alle $p, q \in \mathbb{Z}$. Also haben wir

$$B_2 \subseteq B_3 \subseteq Z_3 \subseteq Z_2 \subseteq E_2.$$

Iterieren wir diesen Prozess, so bekommen wir eine Folge von graduierten Untergruppen von E_2

$$B_2 \subseteq B_3 \subseteq \cdots \subseteq B_n \subseteq \cdots \subseteq Z_n \subseteq \cdots \subseteq Z_3 \subseteq Z_2 \subseteq E_2, \tag{2.1}$$

so dass

$$E_{n+1}^{p,q} \cong Z_n^{p,q} / B_n^{p,q}$$

für alle $n \geq 2$ und $p, q \in \mathbb{Z}$. Setze

$$B_\infty^{p,q} = \bigcup_{n \geq 2} B_n^{p,q} \text{ und } Z_\infty^{p,q} = \bigcap_{n \geq 2} Z_n^{p,q}$$

für alle $p, q \in \mathbb{Z}$. Nach (2.1) gilt $Z_\infty^{p,q} \supseteq B_\infty^{p,q}$ für alle $p, q \in \mathbb{Z}$ und man kann die bigraduierte abelsche Gruppe E^∞ definieren durch

$$E_\infty^{p,q} := Z_\infty^{p,q} / B_\infty^{p,q}.$$

Die bigraduierte abelsche Gruppe E^∞ wird auch als **Grenzterm** der Spektralfolge $(E_r, d_r)_r$ bezeichnet. Stabilisiert sich die Spektralfolge, so lässt sich dieser Grenzterm leicht bestimmen:

2.7.2 Proposition. *Sei $(E_r, d_r)_r$ eine Kohomologie-Spektralfolge. Gilt $E_r^{p,q} = E_s^{p,q}$ für alle $s \geq r$, so folgt*

$$E_\infty^{p,q} = E_r^{p,q}.$$

Beweis. Nach der obigen Konstruktion gilt $E_n^{p,q} = Z_{n-1}^{p,q}/B_{n-1}^{p,q}$. Das heißt wir können das Differential d_n auffassen als Abbildung

$$d_n \colon Z_{n-1}^{p,q}/B_{n-1}^{p,q} \to Z_{n-1}^{p+n,q-n+1}/B_{n-1}^{p+n,q-n+1}$$

mit Kern $Z_n^{p,q}/B_{n-1}^{p,q}$ und Bild $B_n^{p+n,q-n+1}/B_{n-1}^{p+n,q-n+1}$. Das heißt, es gibt eine exakte Sequenz

$$0 \to Z_n^{p,q}/B_{n-1}^{p,q} \to Z_{n-1}^{p,q}/B_{n-1}^{p,q} \xrightarrow{d_n} B_n^{p+n,q-n+1}/B_{n-1}^{p+n,q-n+1} \to 0.$$

Genauso gibt es eine exakte Sequenz

$$0 \to Z_n^{p-n,q+n-1}/B_{n-1}^{p-n,q+n-1} \to Z_{n-1}^{p-n,q+n-1}/B_{n-1}^{p-n,q+n-1} \xrightarrow{d_n} B_n^{p,q}/B_{n-1}^{p,q} \to 0.$$

Sei nun $n \geq r$. Dann gilt nach Voraussetzung

$$\mathrm{Ker}(d_n \colon E_n^{p,q} \to E_n^{p+n,q-n+1})/\mathrm{Im}(d_n \colon E_n^{p-n,q+n-1} \to E_n^{p,q}) = E_{n+1}^{p,q} = E_n^{p,q}.$$

Das heißt die Abbildungen

$$d_n \colon E_n^{p,q} \to E_n^{p+n,q-n+1} \text{ und } d_n \colon E_n^{p-n,q+n-1} \to E_n^{p,q}$$

sind beide die Nullabbildung. Damit folgt aus den obigen exakten Sequenzen:

$$Z_n^{p,q} = Z_{n-1}^{p,q} \text{ und } B_n^{p,q} = B_{n-1}^{p,q}.$$

Es gilt also

$$B_\infty^{p,q} = \bigcup_{n \geq 2} B_n^{p,q} = \bigcup_{r-1 \geq n \geq 2} B_n^{p,q} = B_{r-1}^{p,q}$$

und

$$Z_\infty^{p,q} = \bigcap_{n \geq 2} Z_n^{p,q} = \bigcap_{r-1 \geq n \geq 2} Z_{p,q}^n = Z_{r-1}^{p,q}.$$

Das bedeutet

$$E_\infty^{p,q} = Z_\infty^{p,q}/B_\infty^{p,q} = Z_{r-1}^{p,q}/B_{r-1}^{p,q} = E_r^{p,q}.$$

□

2.7.3 Definition (Filtration). Eine **Filtration** $F^\bullet$ einer graduierten abelschen Gruppe $A^\bullet$ ist eine Familie von graduierten Untergruppen $(F^pA^\bullet)_{p\in\mathbb{Z}}$, so dass

$$\ldots \subseteq F^{p-1}Ai^\bullet \subseteq F^pA^\bullet \subseteq F^{p+1}A^\bullet \subseteq \ldots \subseteq A^\bullet$$

2.7.4 Definition (assoziierte bigraduierte abelsche Gruppe). Sei $H^\bullet$ eine graduierte abelsche Gruppe mit Filtration $F^\bullet$. Setze

$$F^pH^n = F^pH^\bullet \cap H^n.$$

Dann ist die zu $H^\bullet$ und $F^\bullet$ **assoziierte bigraduierte abelsche Gruppe** $\mathrm{bgr}(H^\bullet, F^\bullet)$ definiert durch

$$\mathrm{bgr}(H^\bullet, F^\bullet)_{p,q} = F^pH^{p+q}/F^{p-1}H^{p+q}$$

2.7.5 Definition (Konvergenz von Spektralfolgen). Eine Kohomologie-Spektralfolge $(E^r, d^r)_r$ **konvergiert gegen einen graduierte abelsche Gruppe** $H^\bullet$, wenn es eine Filtration $F^\bullet$ von $H^\bullet$ gibt, so dass

$$E_\infty^{p,q} \cong \mathrm{bgr}(H^\bullet, F^\bullet)_{p,q}$$

für alle $p, q \in \mathbb{Z}$. Dabei bezeichnet E_∞ der Grenzterm der Spektralfolge.

Aus der Definition des assoziierten bigraduierten Moduls $\mathrm{bgr}(H^\bullet, F^\bullet)$ erhält man folgende Eigenschaften:

2.7.6 Proposition. *Sei $(E_r, d_r)_r$ eine Kohomologie-Spektralfolge, die gegen eine graduierte abelsche Gruppe $H^\bullet$ konvergiert. Sei $F^\bullet$ eine Filtration von $H^\bullet$, so dass*

$$E_\infty^{p,q} = \mathrm{bgr}(H^\bullet, F^\bullet)_{p,q}.$$

Dann gilt:

(1) Ist $E_\infty^{s,t-s} = 0$, so folgt für die Filtration

$$F^sH^t = F^{s-1}H^t.$$

(2) Ist $E_\infty^{s,t-s} \neq 0$, so folgt für die Filtration

$$F^sH^t \supset F^{s-1}H^t.$$

(3) Gilt $E_\infty^{p,q} = 0$, falls $p < 0$ oder $q < 0$, so hat die Filtration die Form

$$0 = F^{-1}H^t \subseteq F^0H^t \subseteq F^1H^t \subseteq \ldots \subseteq F^tH^t = H^t.$$

Für Faserungen gibt es konvergente Kohomologie-Spektralfolgen, deren zweite Seite sich aus der Homologie der Basis und der Faser errechnen lässt (vgl. [Spa66, Seite 489, Corollary 9]):

2.7.7 Satz (Serre-Kohomologie-Spektralfolge). *Sei $\alpha\colon X \to B$ eine Faserung mit Faser F und einfach zusammenhängender Basis B. Sei weiter $A \subseteq B$ gegeben, und $X_A = \alpha^{-1}(A)$. Dann gibt es eine gegen $H^\bullet(X, X_A; R)$ konvergente Kohomologie-Spektralfolge $(E_r, d_r)_r$, so dass*

$$E_2^{p,q} \cong H^p(B, A; H^q(F))$$

und $E_r^{p,q} = 0$ falls $p < 0$ oder $q < 0$. Die Spektralfolge $(E_r, d_r)_r$ bezeichnet man auch als Serre-Kohomologie-Spektralfolge.

Diesen Satz erhält man aus [Spa66, Seite 489, Corollary 9], da Faserungen mit einfach zusammenhängender Basis orientierbar sind (vgl. [Spa66, Seite 476, Theorem 5(a)]). Man kann die Forderung dass $\pi_1(B,*)$ trivial ist auch abschwächen. Die Forderung das $\pi_1(B,*)$ trivial auf $H^\bullet(F)$ operiert reicht für die Existenz der Spektralfolge (vgl. [Hat04, Seite 24, Theorem 1.14]).

Für Serre-Kohomologie-Spektralfolgen gibt es eine weitere Eigenschaft, die für uns von Bedeutung ist. Auf Spektralfolgen kann man eine "Paarung" definieren. Dazu benötigen wir zunächst den Begriff des Tensorprodukts von bigraduierten abelschen Gruppen.

Sind E und $\bar{E}$ bigraduierte abelsche Gruppen, so können wir eine bigraduierte abelsche Gruppe $E \otimes_{\mathbb{Z}} \bar{E}$ definieren durch

$$(E \otimes_{\mathbb{Z}} \bar{E})^{p,q} = \bigoplus_{\substack{r+t=p \\ s+u=q}} E^{r,s} \otimes_{\mathbb{Z}} \bar{E}^{t,u}.$$

Sind weiter auf E und $\bar{E}$ Differentiale d und $\bar{d}$ gegeben, so können wir ein Differential $d_\otimes$ auf dem Tensorprodukt $E \otimes_{\mathbb{Z}} \bar{E}$ definieren durch

$$d_\otimes(e \otimes_{\mathbb{Z}} \bar{e}) = d(e) \otimes \bar{e} + (-1)^{r+s} e \otimes \bar{d}(\bar{e})$$

für $e \in E^{r,s}$ und $\bar{e} \in \bar{E}^{t,u}$.

Die "Paarung" von Spektralfolgen ist dann folgendermaßen definiert:

2.7.8 Definition (Paarung von Spektralfolgen). Seien $(E_r, d_r)_r$, (E'_r, d'_r) und (E''_r, d''_r) Spektralfolgen. Eine **Paarung** von E und E' zu E'' ist eine Familie von Homomorphismen

$$\{h_r^{s,t,s',t'} \colon E_r^{s,t} \otimes {E'}_r^{s',t'} \to {E''}_r^{s+s',t+t'}\}_r^{s,t,s',t'},$$

so dass für $x \in E_r^{s,t}$ und $y \in {E'}_r^{s',t'}$ gilt

$$d''_r h_r^{s,t,s',t'}(x \otimes y) = h_r^{s+r,t-r+1,s',t'}(d_r x \otimes y) + (-1)^{s+t} h_r^{s,t,s'+r,t'-r+1}(x \otimes d'_r y) \tag{2.2}$$

und so, dass h_{r+1} der Hintereinanderschaltung

$$E_{r+1} \otimes E'_{r+1} \cong H(E_r) \otimes H(E'_r) \to H(E_r \otimes E'_r) \xrightarrow{h_r^*} H(E''_r) \cong E''_{r+1}$$

entspricht. Dabei bezeichnet $H(E_r) \otimes H(E'_r) \to H(E_r \otimes E'_r)$ die Abbildung $[u] \otimes [v] \mapsto [u \otimes v]$.

Für Serre-Kohomomologie-Spektralfolgen gibt es so eine Paarung, die eine Beziehung zum Cup-Produkt hat. Wir benötigen für die Existenz dieser Paarung allerdings nur den folgenden Spezialfall:

2.7.9 Satz. *Sei $\alpha \colon X \to B$ eine Faserung mit Faser F und einfach zusammenhängender Basis B. Sei weiter $A \subseteq B$ mit $* \in A$ gegeben, und $X_A = \alpha^{-1}(A)$. Und sei B oder F torsionsfrei. Dann gibt es eine Paarung h der Serre-Kohomologie-Spektralfolgen von (X, X_A) und $(X,*)$ zu der Serre-Kohomologie-Spektralfolge von (X, X_A), so dass die*

Paarung auf der zweiten Seite durch das $(-1)^{t+s'}$*-fache des Cup-Produktes gegeben ist. Das heißt die Paarung entspricht auf der zweiten Seite der Abbildung*

$$\begin{array}{rcl} h\colon (H^s(B,A)\otimes H^t(F))\otimes (H^{s'}(B)\otimes H^t(F)) & \to & H^{s+s'}(B,A)\otimes H^t(F) \\ h((\varphi\otimes\psi),(\varphi'\otimes\psi')) & = & (-1)^{t+s'}\varphi\smile\varphi'\otimes\psi\smile\psi' \end{array}$$

Weiter ist die Paarung auf E_∞ *durch das Cup-Produkt*

$$\begin{array}{rcl} H^\bullet(X,X_A)\otimes H^\bullet(X) & \to & H^\bullet(X,X_A) \\ \varphi\otimes\psi & \mapsto & \varphi\smile\psi \end{array}$$

induziert.

Da $(A,*)$ und $(X_A,*)$ ausschneidende Paare sind, folgt dieser Satz aus [Spa66, Seite 496, Theorem 8], indem man dort $(A_1,A_2)=(A,*)$ wählt.

3 Drei Definitionen der Hopf-Invariante

In diesem Kapitel werden wir die ursprüngliche Definition der Hopf-Invariante und die Definition nach Steenrod betrachten, sowie die Verallgemeinerung von Whitehead geben.

3.1 Ursprüngliche Definition nach Hopf

Wir beginnen mit der ursprünglichen Definition der Hopf-Invariante. Diese wurde von Hopf zunächst in [Hop] für Abbildungen $S^3 \to S^2$ eingeführt und später in [Hop35] auf Abbildungen $S^{2n-1} \to S^n$ erweitert.

In diesem Kapitel geben wir einen Überblick über diese Konstruktion, und lassen dabei einige Details aus, da wir für unsere Betrachtungen nur die Eigenschaften der Hopf-Invariante benötigen und diese Details daher hier nicht von Bedeutung sind. Genauer werden wir später sogar sehen, dass die Hopf-Invariante nur durch ihre Eigenschaften bestimmt ist. Die Überlegungen, die wir hier auslassen, können in [Hop], [Hop35] und [Hil66] nachgelesen werden.

Zunächst machen wir ein paar Bemerkungen zum Grad einer Abbildung $S^n \to S^n$ und zur Verschlingungszahl zweier disjunkter Zykel.

Ist $f\colon S^n \to S^n$ eine Abbildung, so entspricht die induzierte Abbildung

$$f_*\colon H_n(S^n) \to H_n(S^n)$$

der Multiplikation mit einer ganzen Zahl m. Da für homotope Abbildungen $f, g\colon S^n \to S^n$ die induzierten Abbildungen f_* und g_* übereinstimmen, ist die Zahl m eine Invariante der Homotopieklasse von f. Wir nennen m auch den **Grad von** f.

Sind M, N disjunkte Zykel in S^{2n+1} bezüglich einer gegebenen Triangulierung, so kann die **Verschlingungszahl** von M und N (in dieser Reihenfolge!) definiert werden (vgl. [ST80, §77]). Diese ganze Zahl gibt an, wie oft die Zykel M, N miteinander verschlungen sind. Wir bezeichnen diese Zahl auch mit $l(M, N)$. Für die Verschlingungszahl gilt

$$l(M,N) = (-1)^{n+1} l(N,M) \tag{3.1}$$

(vgl. [ST80, §77]).

Sei $f\colon S^3 \to S^2$ nun eine simpliziale Abbildung bezüglich gegebener Triangulierungen von S^3 und S^2. Sei weiter $T^3 = \{e_1, \dots e_4\}$ ein 3-Simplex von S^3, das surjektiv auf einen 2-Simplex $\tau^2 = \{e_1', e_2', e_3'\}$ abgebildet wird, und p ein innerer Punkt von τ^2.

Der Punkt p hat eine Darstellung als

$$p = \sum_{i=1}^{3} \lambda_i' e_i' \text{ mit } 0 < \lambda_i' < 1, \sum_{i=1}^{3} \lambda_i' = 1.$$

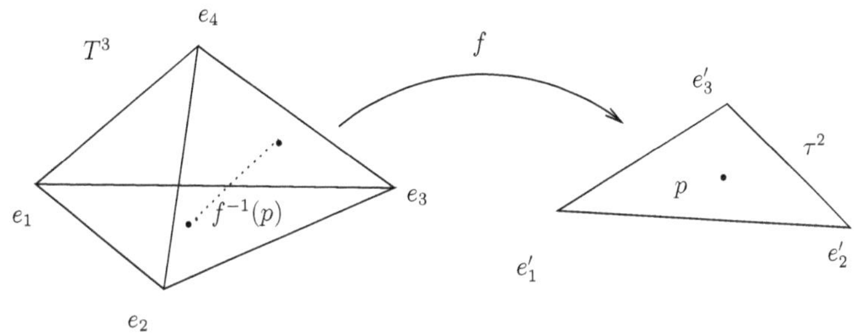

Abbildung 3.1: Konstruktion von $f^{-1}(p)$ für $f\colon S^3 \to S^2$

Da f simplizial und surjektiv ist, können wir o.B.d.A. annehmen, dass e_1, e_2, e_3 auf e_1', e_2', e_3' und e_4 auf e_1' abgebildet werden. Das heißt das Urbild $f^{-1}(p)$ von p in T^3 lässt sich schreiben als

$$\{\sum_{i=1}^{4} \lambda_i e_i \colon \lambda_2 = \lambda_2', \lambda_3 = \lambda_3' \text{ und } \lambda_1 + \lambda_4 = \lambda_1, 0 \leq \lambda_i \leq 1\}.$$

Also ist $f^{-1}(p)$ eine 1-Zelle in T^3, der man mittels der Orientierungen von T^3 und τ^2 eine Orientierung geben kann.

Summiert man über alle Simplizes T^3 von S^3, die auf τ^2 abgebildet werden, so erhält man den 1-dimensionalen "Urbildzykel" $f^{-1}(p)$ auf einer geeigneten Unterteilung der Triangulierung von S^3 (vgl. [Hop]).

Diese Konstruktion lässt sich analog auf simpliziale Abbildungen $f\colon S^{2n+1} \to S^{n+1}$ übertragen. Ist T^{2n+1} ein $2n+1$-Simplex von S^{2n+1}, das auf ein ein $n+1$-Simplex τ^{n+1} von S^{n+1} abgebildet wird, und ist p ein innerer Punkt von τ^{n+1}, so kann man mit einer leichten Dimensionsabzählung sehen, dass $f^{-1}(p)$ eine n-dimensionale Zelle in T^{2n+1} ist. Orientiert man diese Zellen für jeden Simplex T^{2n+1} geeignet und geht zu einer Unterteilung der Triangulierung von S^{2n+1} über, so erhält man durch Summation über alle T^{2n+1} den n-dimensionalen "Urbildzykel" $f^{-1}(p)$.

Sind p, q verschiedene innere Punkte von $n+1$ Simplizes in S^{n+1}, so sind ihre Urbildzykel n-dimensional und disjunkt. Es ist also die Verschlingungszahl $l(f^{-1}(p), f^{-1}(q))$ definiert. Diese Zahl hängt nicht von p und q ab, und es kann gezeigt werden, dass diese Zahl nur durch den Homotopietyp von f bestimmt ist (vgl. [Hil66, Chapter VI.1]).

Wir können die Hopf-Invariante nun definieren.

3.1.1 Definition (Hopf-Invariante). Sei $[f] \in \pi_{2n+1}(S^{n+1})$, wobei wir die Abbildung $f\colon S^{2n+1} \to S^{n+1}$ nach simplizialer Approximation als simplizial annehmen können. Ist f surjektiv und sind p, q innere Punkte von $n+1$-Simplizes in S^{n+1}, so setzen wir

$$\gamma([f]) := l(f^{-1}(p), f^{-1}(q)).$$

Gibt es keinen surjektiven Vertreter für $[f]$, so sei $\gamma([f]) := 0$.

Nach den obigen Bemerkungen ist diese Definition sinnvoll. Wir nennen $\gamma([f])$ auch **Hopf-Invariante** von $[f]$.

3.1.2 Bemerkung. Nach Gleichung (3.1) folgt

$$l(f^{-1}(p), f^{-1}(q)) = (-1)^{n+1} l(f^{-1}(q), f^{-1}(p)).$$

Das heißt für $n+1$ ungerade ist die Hopf-Invariante immer gleich 0.

Mit der Definition der Addition auf $\pi_{2n+1}(S^{n+1})$ kann man zeigen, dass γ einen Homomorphismus liefert (vgl. [Hil66, Seite 73, Theorem 1.5]):

3.1.3 Satz. *Die Abbildung*

$$\gamma\colon \pi_{2n+1}(S^{n+1}) \to \mathbb{Z}$$

mit

$$[f] \mapsto \gamma([f])$$

ist ein Homomorphismus.

Dieser Homomorphismus hat die folgenden Eigenschaften (vgl. [Hil66, Chapter VI.1]):

3.1.4 Satz. *Sei $[f] \in \pi_{2n+1}(S^{n+1})$, $[g] \in \pi_{2n+1}(S^{2n+1})$ und $[h] \in \pi_{n+1}(S^{n+1})$. Sei weiter $d_g \in \mathbb{Z}$ der Grad von g und $d_h \in \mathbb{Z}$ der Grad von h. Dann gilt*

(1) $\gamma([fg]) = d_g \gamma([f])$,

(2) $\gamma([hf]) = d_h^2 \gamma([f])$.

3.1.5 Bemerkung. Hat $g \in \pi_{2n+1}(S^{2n+1})$ Grad -1, so bildet g den Erzeuger σ von $H_{2n+1}(S^{2n+1})$ auf den Erzeuger $-\sigma$ ab. Aus den obigen Eigenschaften folgt

$$\gamma([fg]) = -\gamma([f]).$$

Das heißt die Hopf-Invariante wird mit -1 multipliziert wird, wenn man die Orientierung von S^{2n+1} vertauscht. Genauso folgt, dass sie unverändert bleibt, wenn man die Orientierung von S^{n+1} umkehrt.

Für den Rand von $E^m \times E^n$ gilt

$$(E^m \times E^n)^{\boldsymbol{\cdot}} = (E^m \times \dot{E}^n) \cup (\dot{E}^m \times E^n).$$

Sind also $\alpha \in \pi_m(Y, *)$ und $\beta \in \pi_n(Y, *)$ gegeben durch die Abbildungen

$$f\colon (E^m, \dot{E}^m) \to (Y, *) \quad \text{und} \quad g\colon (E^n, \dot{E}^n) \to (Y, *),$$

so können wir wegen $f(\dot{E}^m) = *$ und $g(\dot{E}^n) = *$ eine Abbildung

$$h\colon (E^m \times E^n)^{\boldsymbol{\cdot}} \to Y$$

durch

$$h(a,b) = \begin{cases} f(a) & \text{für } a \in E^m, b \in \dot{E}^n, \\ g(b) & \text{für } b \in E^n, a \in \dot{E}^m \end{cases}$$

definieren.

Wählt man einen Basispunkt $*$ in $\dot{E}^m \times \dot{E}^n$, so erhält man durch h ein Element in $\pi_{m+n-1}(Y,*)$. Dieses Element hängt nur von α und β ab, und wird auch **Whitehead-Produkt** von α und β genannt und mit $[\alpha,\beta]$ bezeichnet.

Das Whitehead-Produkt liefert Elemente mit gerader Hopf-Invariante (vgl. [Hil66, Chapter VI, Theorem 1.6]):

3.1.6 Satz. *Sei $n \geq 1$, dann hat das Element*

$$[[1_{S^{n+1}}],[1_{S^{n+1}}]] \in \pi_{2n+1}(S^{n+1})$$

Hopf-Invariante ± 2.

Die Eigenschaften aus den Sätzen 3.1.4 und 3.1.6 benötigen wir dabei für den Beweis, dass die verallgemeinerte Hopf-Invariante für $q = 2n$ mit dem Homomorphismus γ bis auf Vorzeichen übereinstimmt (Satz 4.1.6).

3.2 Definition der Hopf-Invariante nach Steenrod

Wir kommen nun zur Definition der Hopf-Invariante mittels der Kohomologie des Abbildungszylinders. Diese Definition geht auf Steenrod zurück (vgl. [Ste49] und [HW67]).

Sei nun $n \geq 1$ und $f\colon S^{2n+1} \to S^{n+1}$ eine punktierte Abbildung und S_f der Abbildungszylinder von f. Da S^{n+1} Deformationsretrakt von S_f ist, gibt es eine Retraktion $r\colon S_f \to S^{n+1}$, die eine Homotopieäquivalenz ist. Nehme weiter an, dass S^{2n+1} und S^{n+1} orientiert sind, d.h. es seien feste Erzeuger

$$\xi \in H^{2n+1}(S^{2n+1}) \cong \mathbb{Z} \text{ und } \eta \in H^{n+1}(S^{n+1}) \cong \mathbb{Z}$$

gewählt. Da r eine Homotopieäquivalenz ist, ist die induzierte Abbildung

$$r^*\colon H^{n+1}(S^{n+1}) \to H^{n+1}(S_f)$$

ein Isomorphismus. Definiere einen Erzeuger η_f von $H^{n+1}(S_f)$ durch

$$\eta_f := r^*(\eta).$$

Da $H^i(S^{2n+1}) = 0$ für $i \neq 0, 2n+1$ gilt (Bemerkung 2.3.7), liefert die Kohomologiesequenz für das Paar (S_f, S^{2n+1}), dass die Inklusion $i\colon S_f \hookrightarrow (S_f, S^{2n+1})$ einen Isomorphismus

$$i^*\colon H^{n+1}(S_f, S^{2n+1}) \to H^{n+1}(S_f)$$

induziert. Sei $\hat{\eta}_f \in H^{n+1}(S_f, S^{2n+1})$ gegeben durch

$$\hat{\eta}_f := (i^*)^{-1}(\eta_f),$$

dann ist $\hat{\eta}_f$ ein Erzeuger für $H^{n+1}(S_f, S^{2n+1})$ und $\hat{\eta}_f \smile \hat{\eta}_f$ ist in $H^{2n+2}(S_f, S^{2n+1})$ enthalten.

Wegen $H^i(S^{2n+1}) = 0$ für $i \neq 0, 2n+1$ folgt aus Proposition 2.6.2, dass die vom Korand induzierte Abbildung

$$\delta^* \colon H^{2n+1}(S^{2n+1}) \to H^{2n+2}(S_f, S^{2n+1})$$

ebenfalls ein Isomorphismus ist. Also ist $\delta^*(\xi)$ ein Erzeuger von $H^{2n+2}(S_f, S^{2n+1})$ und es gibt damit eine eindeutige ganze Zahl $\check{\gamma}$, so dass

$$\hat{\eta}_f^2 = \hat{\eta}_f \smile \hat{\eta}_f = \check{\gamma} \cdot \delta^*(\xi)$$

gilt.

3.2.1 Definition (Hopf-Invariante). Ist $n \geq 1$ und $f \colon S^{2n+1} \to S^{n+1}$ eine punktierte Abbildung, so nennen wir die Zahl $\check{\gamma} \in \mathbb{Z}$, für die gilt

$$\hat{\eta}_f^2 = \check{\gamma}\delta^*(\xi),$$

die **Hopf-Invariante** von f. Diese Invariante bezeichnen wir auch mit $\check{\gamma}(f)$.

3.2.2 Bemerkung.
Der Vorgang um $\check{\gamma}(f)$ zu definieren lässt sich durch folgendes Diagramm verdeutlichen:

$$\begin{array}{ccccccccc} H^{n+1}(S^{n+1}) & \xrightarrow[\cong]{r^*} & H^{n+1}(S_f) & \xleftarrow[\cong]{i^*} & H^{n+1}(S_f, S^{2n+1}) & \xrightarrow{\smile} & H^{2n+2}(S_f, S^{2n+1}) & \xleftarrow[\cong]{\delta^*} & H^{2n+1}(S^{2n+1}), \\ \eta & & \eta_f = r^*(\eta) & & \hat{\eta}_f(i^*)^{-1}(\eta_f) & & \hat{\eta}_f \smile \hat{\eta}_f = \check{\gamma}\delta^*(\xi) & & \xi \end{array}$$

3.2.3 Bemerkung.
1. $\check{\gamma}([f])$ hängt nur von der Homotopieklasse von f ab, da homotope Abbildungen homotopieäquivalente Abbildungszylinder haben (Proposition 2.6.3).

2. Für $\check{\gamma}$ gelten die gleichen Eigenschaften wie für den Homomorphismus γ in Satz 3.1.4 (vgl. [HW67, Seite 383, Theorem 9.5.9]). Das bedeutet auch hier, dass $\check{\gamma}$ abhängig ist von der Orientierung von S^{2n+1}, und bei Änderung der Orientierung von S^{n+1} invariant bleibt.

3. Wählt man in dieser Konstruktion eine andere Retraktion, die eine Homotopieäquivalenz ist, so induziert diese ebenfalls einen Isomorphismus

   $$\mathbb{Z} \cong H^{n+1}(S^{n+1}) \to H^{n+1}(S_f),$$

   und es ändert sich höchstens das Vorzeichen von $\check{\gamma}$.

3.3 Verallgemeinerte Hopf-Invariante nach Whitehead

In diesem Abschnitt gegeben wir die Definition der verallgemeinerten Hopf-Invariante nach Whitehead (vgl. [Whi50] und auch [HW67]). Dabei definieren wir diese Invariante als Homomorphismus

$$H_{q+1}(S^{n+1}) \to H_{q+1}(S^{2n+1})$$

für $1 \leq q \leq 3n-2$.

Für die Homotopiegruppen der punktierten Summe von zwei $n+1$-Sphären gilt der folgende Satz(vgl. [Hu71, Theorem 3.1,Seite 145]):

3.3.1 Satz. *Für $q \geq 1$ gilt*

$$\pi_{q+1}(S^{n+1} \vee S^{n+1}, *) \cong \pi_{q+1}(S^{n+1}, *) \oplus \pi_{q+1}(S^{n+1}, *) \oplus \pi_{q+2}(S^{n+1} \times S^{n+1}, S^{n+1} \vee S^{n+1}, *).$$

3.3.2 Bemerkung.

Die Inklusionen und Projektion der ersten beiden Summanden werden von den Inklusionen $(S^{n+1}, *) \hookrightarrow (S^{n+1} \vee S^{n+1}, *)$ und den Projektionen $(S^{n+1} \vee S^{n+1}, *) \to (S^{n+1}, *)$ induziert (vgl. [Hu71, Beweis zu Theorem 3.1]).

Nach [Whi53, Theorem 4.14] ist die Inklusion

$$\pi_{q+2}(S_1^{n+1} \times S_2^{n+1}, S_1^{n+1} \vee S_2^{n+1}) \hookrightarrow \pi_{q+1}(S_1^{n+1} \vee S_2^{n+1})$$

gerade der Randoperator ∂.

Die Projektion auf den direkten Summanden $\pi_{q+2}(S^{n+1} \times S^{n+1}, S^{n+1} \vee S^{n+1})$ von $\pi_{q+1}(S^{n+1} \vee S^{n+1}, *)$ bezeichnen wir mit

$$Q\colon \pi_{q+1}(S^{n+1} \vee S^{n+1}, *) \to \pi_{q+2}(S^{n+1} \times S^{n+1}, S^{n+1} \vee S^{n+1}).$$

Nach [Whi50, Theorem 4.14] gilt der folgende Satz:

3.3.3 Satz. *Sei X ein wegzusammenhängender Raum, so dass $\pi_i(X) = 0$ gilt für $i < r$. Sei X' ein Raum, der X enthält und*

$$\psi\colon (E^m, \dot{E}^m) \to (X', X)$$

eine Abbildung, die $E^m \setminus \dot{E}^m$ homöomorph auf $X' \setminus X$ abbildet. Dann ist

$$\psi_\sharp\colon \pi_q(E^m, \dot{E}^m) \to \pi_q(X', X)$$

ein Epimorphismus für $q = \min(m+r-2, 2m-2)$ und ein Isomorphismus für $1 \leq q < \min(m+r-2, 2m-2)$.

Sei

$$\psi_{n+1} \colon (E^{n+1}, \dot{E}^{n+1}) \to (S^{n+1}, *)$$

eine vernünftig gewählte Abbildung. Das heißt ψ_{n+1} sei eine orientierungserhaltende Abbildung, die den Raum $E^{n+1} \setminus \dot{E}^{n+1}$ homöomorph auf $S^{n+1} \setminus \{*\}$ und $\dot{E}^{n+1}$ auf $*$ abbildet.

Definiere eine Abbildung

$$\begin{array}{rcl} \psi_{n+1,n+1} \colon (E^{2n+2}, S^{2n+1}) & \to & (S^{n+1} \times S^{n+1}, S^{n+1} \vee S^{n+1}) \\ (x_1, \ldots, x_{2n+2}) & \mapsto & (\psi_{n+1}((x_1, \ldots, x_{n+1})), \psi_{n+1}((x_{n+2}, \ldots, x_{2n+2}))). \end{array}$$

Dann bildet $\psi_{n+1,n+1}$ den Raum $E^{2n+2} \setminus \dot{E}^{2n+2}$ homöomorph auf

$$(S^{n+1} \times S^{n+1}) \setminus (S^{n+1} \vee S^{n+1})$$

ab.

3.3.4 Bemerkung. Nach dieser Definition von $\psi_{n+1,n+1}$ und der Definition des Whiteheadprodukts (Definition 3.1) gilt für die Inklusionen $i_\varepsilon \colon S_\varepsilon^{n+1} \hookrightarrow S_1^{n+1} \vee S_2^{n+1}$ und den Erzeuger $[1_{S_\varepsilon^{n+1}}]$ von $\pi_{n+1}(S^{n+1})$

$$[\psi_{n+1,n+1}] = [(i_1)_\sharp[1_{S_1^{n+1}}], (i_2)_\sharp[1_{S_2^{n+1}}]] \quad (\in \pi_{2n+1}(S^{n+1} \times S^{n+1}, S^{n+1} \vee S^{n+1}))).. $$

Da die i-te Homotopiegruppe eines CW-Komplexes bekanntlich nur vom i-Gerüst abhängt, gilt $\pi_i(S^{n+1} \vee S^{n+1}) = 0$ für $i < n+1$. Das heißt der Satz 3.3.3 liefert, dass die induzierte Abbildung

$$(\psi_{n+1,n+1})_\sharp \colon \pi_{q+2}(E^{2n+2}, \dot{E}^{2n+2}) \to \pi_{q+2}(S^{n+1} \times S^{n+1}, S^{n+1} \vee S^{n+1})$$

für $q+2 < (n+1)+(n+1)+(n+1)-2 = 3n-1$, also für $q \leq 3n-2$, ein Isomorphismus ist. Für solche q definieren wir

$$\bar{Q} \colon \pi_{q+1}(S^{n+1} \vee S^{n+1}) \to \pi_{q+1}(S^{2n+1})$$

durch

$$\bar{Q} := \partial \circ (\psi_{n+1,n+1})_\sharp^{-1} \circ Q,$$

wobei

$$\partial \colon (E^{2n+2}, \dot{E}^{2n+2}) \to \dot{E}^{2n+2}$$

den Randoperator bezeichnet (vgl. Abschnitt 2.4). Dass heißt das folgende Diagramm kommutiert:

$$\begin{array}{ccc} \pi_{q+1}(S^{n+1} \vee S^{n+1}, *) & \xrightarrow{Q} & \pi_{q+2}(S^{n+1} \times S^{n+1}, S^{n+1} \vee S^{n+1}) \\ \downarrow \bar{Q} & & \downarrow (\psi_{n+1,n+1})_\sharp^{-1} \\ \pi_{q+1}(S^{2n+1}, *) & \xleftarrow[\partial]{} & \pi_{q+2}(E^{2n+2}, S^{2n+1}) \end{array}$$

Bezeichne mit

$$\mu \colon S^{n+1} \to S^{n+1} \vee S^{n+1}$$

die Abbildung, die den Äquator $S^n \subset S^{n+1}$ zu einem Punkt zusammenzieht.

3.3.5 Definition (Verallgemeinerte Hopf-Invariante). Für $n \geq 1$ und $q \leq 3n-2$ definiere den Homöomorphismus

$$H\colon \pi_{q+1}(S^{n+1}) \to \pi_{q+1}(S^{2n+1})$$

als die Komposition

$$\pi_{q+1}(S^{n+1}) \xrightarrow{\mu_\sharp} \pi_{q+1}(S^{n+1} \vee S^{n+1}) \xrightarrow{\bar{Q}} \pi_{q+1}(S^{2n+1}).$$

Wir nennen H auch **verallgemeinerte Hopf-Invariante**.

3.3.6 Bemerkung. Diese Definition hängt nicht von der Wahl von ψ_{n+1} ab, da orientierungserhaltende Abbildungen

$$(E^{n+1}, \dot{E}^{n+1}) \to (S^{n+1}, *),$$

die $E^{n+1} \setminus \dot{E}^{n+1}$ hömoomorph auf S^{n+1} abbilden, den gleichen Grad haben, und somit homotop zueinander sind. Das heißt sie induzieren die gleichen Abbildungen in der Homotopie.

Wir machen nun noch einige Überlegungen, die wir im nächsten Kapitel benötigen, um die Beziehung zwischen den Definitionen herstellen zu können.

Im Fall $n \geq 1$ und $q \leq 3n-2$ ist die doppelte Einhängung

$$\Sigma^2\colon \pi_{q-1}(S^{2n-1}) \to \pi_{q+1}(S^{2n+1})$$

ein Isomorphismus (vgl. Satz 2.5.1). Also können wir folgende Definition machen:

3.3.7 Definition. Der Homomorphismus

$$H'\colon \pi_{q+1}(S^{n+1}) \to \pi_{q-1}(S^{2n-1})$$

für $n \geq 2$ und $q \leq 3n-2$ sei gegeben durch

$$H' = (\Sigma^2)^{-1} \circ H.$$

Dieser Homomorphismus nimmt die Rolle einer "Hilfskonstruktion" ein, ist aber, da Σ^2 hier ein Isomorphismus ist, im Wesentlichen die verallgemeinerte Hopf-Invariante.

Es gibt eine Einbettung $\phi\colon S^n \hookrightarrow \Omega S^{n+1}$ (vgl. [Whi53, Seite 211]). Also können wir S^n als Teilmenge von ΩS^{n+1} auffassen, indem wir S^n mit $\phi(S^n)$ identifizieren.

Für den Beweis, dass sich H, bzw. H' für $q = 2n$ und $n \geq 2$ bis auf Vorzeichen schreiben lässt als die Komposition des Hurewicz-Homomorphismus φ mit dem Isomorphismus η^{-1} (siehe Abschnitt 2.5), benötigen wir noch einige Ergebnisse aus [Whi53].

Nach [Whi53, Theorem 2] gilt:

3.3.8 Satz. *Ist $n \geq 1$ und $1 \leq q < 2n$, dann ist*

$$\pi_q(\Omega S^{n+1}, S^n) = 0$$

und

$$\pi_{2n}(\Omega S^{n+1}, S^n) \cong \mathbb{Z}.$$

Und weiter (vgl. [Whi53, Theorem 3]):

3.3.9 Satz. *Sei $n \geq 1$ und $G\colon (E^{2n}, S^{n-1}) \to (\Omega S^{n+1}, S^n)$ eine Abbildung, die einen Erzeuger von $\pi_{2n}(\Omega S^{n+1})$ repräsentiert. Dann ist für $1 \leq q \leq 3n-2$ die induzierte Abbildung*

$$G_\sharp\colon \pi_q(E^{2n}, S^{n-1}) \to \pi_q(\Omega S^{n+1}, S^n)$$

ein Isomorphismus.

Ebenfalls nach [Whi53, Theorem 4] gilt, dass sich H' auch schreiben lässt als die Komposition

$$\partial \circ G_\sharp^{-1} \circ j_\sharp \circ \eta^{-1}.$$

3.3.10 Satz. *Sei $n \geq 1$ und $1 \leq q \leq 3n-2$ und $G\colon (E^{2n}, S^{n-1}) \to (\Omega S^{n+1}, S^n)$ wie in Satz 3.3.9. Bezeichne mit*

$$j\colon \Omega S^{n+1} \hookrightarrow (\Omega S^{n+1}, S^n)$$

die Inklusion, mit

$$\partial\colon \pi_q(E^{2n}, S^{2n-1}) \to \pi_{q-1}(S^{2n-1})$$

den Randoperator und

$$\eta\colon \pi_q(\Omega S^{n+1}) \to \pi_{q+1}(S^{n+1})$$

sei definiert wie oben. Dann ist folgendes Diagramm kommutativ:

$$\begin{array}{ccc}
\pi_q(\Omega S^{n+1}) & \xrightarrow{j_\sharp} & \pi_q(\Omega S^{n+1}, S^n) \\
 & & \uparrow G_\sharp \cong \\
\cong \Big\downarrow \eta & & \pi_q(E^{2n}, S^{2n-1}) \\
 & & \partial \Big\downarrow \cong \\
\pi_{q+1}(S^{n+1}) & \xrightarrow[H']{} & \pi_{q-1}(S^{2n-1})
\end{array}$$

4 Vergleich der Definitionen der Hopf-Invariante

Ist G eine unendlich zyklische Gruppe, so definieren wir eine Funktion $|\cdot|\colon G \to \mathbb{N}$ durch $|g| = m$, falls es einen Erzeuger $g' \in G$ gibt, mit $g = mg'$. Haben wir einen Isomorphismus $\beta\colon G \to G'$, so folgt aus dieser Definition dass $|\beta(g)| = |g|$ gilt. Das heißt Isomorphismen ändern den "Betrag" nicht.

Da $\pi_{2n-1}(S^{2n-1}) \cong \mathbb{Z}$, können wir $|H[f]|$ für $[f] \in \pi_{2n+1}(S^{n+1})$ definieren.

In diesem Kapitel wird gezeigt, dass für Abbildungen $f : S^{2n+1} \to S^{n+1}$ die Zahlen $\gamma([f])$, $\check{\gamma}([f])$ und $|H[f]|$ bis auf Vorzeichen übereinstimmen und das sich $|\check{\gamma}([f])|$ und damit auch $|\gamma([f])|$ und $|H[f]|$, schreiben lassen als

$$|\varphi \circ \eta^{-1}|,$$

wobei der Isomorphismus $\eta\colon \pi_{2n+1}(S^{n+1}) \to \pi_{2n}(\Omega(S^{n+1})$ wie auf Seite 13 definiert ist, und φ den Hurewicz-Homomorphismus bezeichnet.

4.1 Vergleich der Definition nach Hopf mit der verallgemeinerten Hopf-Invariante nach Whitehead

In diesem Abschnitt wird gezeigt, dass $|H[f]|$ für $[f] \in \pi_{2n+1}(S^{n+1})$ bis auf Vorzeichen mit $\gamma[f]$ übereinstimmt. Wir orientieren uns dabei an den Überlegungen aus [Hil66]. Dazu müssen noch einige Vorüberlegungen gemacht werden.

Zunächst machen wir noch eine kurze Bemerkung zur Definition Addition auf den höheren Homotopiegruppen.

4.1.1 Bemerkung. Sind $f, g\colon (S^{n+1}, *) \to (X, *)$ Abbildungen, und ist $* \in S^n \subset S^{n+1}$, so kann die Summe $f + g\colon (S^{n+1}, *) \to (X, *)$ definiert werden als die Komposition

$$S^{n+1} \xrightarrow{\mu} S^{n+1} \vee S^{n+1} \xrightarrow{f \vee g} X.$$

Dabei bezeichnet μ wieder die Abbildung, die den Äquator $S^n \subset S^{n+1}$ zu einem Punkt zusammenzieht. Diese Definition von $f + g$ liefert eine Addition auf $\pi_{n+1}(X, *)$ durch

$$[f] + [g] := [f + g].$$

(vgl. [Hat02, Seite 341]).

Bezeichnen $i_\varepsilon\colon S^{n+1}_\varepsilon \hookrightarrow S^{n+1}_1 \vee S^{n+1}_2$ die Inklusionen, so gilt nach dieser Konstruktion

$$[\mu] = [i_1 + i_2] = [i_1] + [i_2].$$

Ist $n+1$ ungerade, so ist $\gamma([f]) = 0$. Für diesen Fall bemerken wir, dass der Kern von γ die Einhängungselemente von $\pi_{2n}(S^n)$ sind (Satz 4.1.4), und zeigen dass H auf diesen Elementen trivial ist (Satz 4.1.3).

Für den Beweis von Satz 4.1.3 benötigen wir den folgenden Satz (vgl. [Hil66, Seite 78, Theorem 2.3]):

4.1.2 Satz. *Ist $[f] \in \Sigma\pi_q(S^n)$ und $[g_1], [g_2] \in \pi_{n+1}(X)$, so gilt*

$$([g_1] + [g_2]) \circ [f] = [g_1] \circ [f] + [g_2] \circ [f].$$

Die Aussage dieses Satzes folgt aus der Definition der Addition in $\pi_{n+1}(X)$ und der Tatsache, dass man für das Einhängungselement $[f]$ einen Repräsentanten finden kann, der die obere Halbkugel von S^{q+1} auf die obere Halbkugel von S^{n+1} und die untere Halbkugel auf die untere Halbkugel abbildet.

Mit diesem Satz können wir nun zeigen, dass H auf Einhängungselementen von $\pi_{2n}(S^n)$ trivial ist.

4.1.3 Satz. *Sei $[f] \in \Sigma\pi_q(S^n)$, dann gilt*

$$H([f]) = 0 \in \pi_{q+1}(S^{2n+1}).$$

Beweis. Nach Definition 3.3.5 gilt

$$H = \partial \circ (\psi_{n+1,n+1}^{-1})_\sharp \circ Q \circ \mu_\sharp$$

mit

$$\mu_\sharp \colon \pi_{q+1}(S^{n+1}) \to \pi_{q+1}(S^{n+1} \vee S^{n+1})$$

und

$$Q \colon \pi_{q+1}(S^{n+1} \vee S^{n+1}) \to \pi_{q+2}(S^{n+1} \times S^{n+1}, S^{n+1} \vee S^{n+1}).$$

Die Abbildungen $\mu_\sharp$ und Q sind dabei wie in Abschnitt 3.3 definiert.

Da die Abbildungen ∂ und $(\psi_{n+1,n+1}^{-1})_\sharp$ Homomorphismen (hier sogar Isomorphismen) sind (vgl. Definition 3.3.5), genügt es zu zeigen:

$$Q \circ \mu_\sharp([f]) = 0.$$

Bezeichne mit

$$i_\varepsilon \colon S_\varepsilon^{n+1} \hookrightarrow S_1^{n+1} \vee S_2^{n+1} \quad (\varepsilon = 1, 2)$$

die Inklusionen. Dann gilt nach Definition der Addition auf $\pi_{q+1}(S_1^{n+1} \vee S_2^{n+1})$ (Bemerkung 4.1.1)

$$[\mu] = [i_1] + [i_2] \in \pi_{q+1}(S_1^{n+1} \vee S_2^{n+1}).$$

Das bedeutet

$$\mu_\sharp([f]) = ([i_1] + [i_2]) \circ [f] \tag{4.1}$$

Nach 4.1.2 haben wir

$$([i_1] + [i_2]) \circ [f] = [i_1] \circ [f] + [i_2] \circ [f]. \tag{4.2}$$

Nun ist aber Q die Projektion auf den direkten Summanden

$$\pi_{q+2}(S_1^{n+1} \times S_2^{n+1}, S^{n+1} \vee S^{n+1})$$

von

$$\pi_{q+1}(S^{n+1} \vee S^{n+1}) \cong \pi_{q+1}(S_1^{n+1}) \oplus \pi_{q+1}(S_2^{n+1}) \oplus \pi_{q+2}(S_1^{n+1} \times S_2^{n+1}, S^{n+1} \vee S^{n+1}),$$

und da

$$[i_1] \circ [f] + [i_2] \circ [f]$$

ein Element von

$$\pi_{q+1}(S_1^{n+1}) \oplus \pi_{q+1}(S_2^{n+1})$$

ist, folgt somit

$$Q([i_1] \circ [f] + [i_2] \circ [f]) = 0.$$

Mit den Gleichungen (4.1) und (4.2) erhalten wir daraus

$$Q \circ \mu_\sharp([f]) = 0.$$

□

Nach dem "Delicate Suspension Theorem" [Hil66, Seite 82, Theorem 2.15] besteht der Kern der Hopf-Invariante γ aus den Einhängungselementen von $\pi_{2n}(S^n)$:

4.1.4 Satz. *Für $n \geq 2$ gilt*

$$\Sigma\pi_{2n}(S^n) = \operatorname{Ker}(\gamma) \subset \pi_{2n+1}(S^{n+1}).$$

Für den Fall das $n+1$ gerade ist, benötigen wir das folgende "Linksdistributivgesetz" (vgl. [Hil66, Seite 93, Theorem 4.7])

4.1.5 Satz. *Sei $n \geq 1$, $1 \leq q \leq 3n-2$ und $[f] \in \pi_{q+1}(S^{n+1})$, $[g_1], [g_2] \in \pi_{n+1}(X)$. Dann gilt*

$$([g_1] + [g_2]) \circ [f] = [g_1] \circ [f] + [g_2] \circ [f] + [[g_1], [g_2]] \circ H([f]).$$

Beweis. Wir betrachten zunächst den Fall $X = S_1^{n+1} \vee S_2^{n+1}$ und

$$[g_\varepsilon] = (i_\varepsilon)_\sharp [1_{S_\varepsilon^{n+1}}] \quad (\varepsilon = 1, 2),$$

wobei $i_\varepsilon \colon S_\varepsilon^{n+1} \to S_1^{n+1} \vee S_2^{n+1}$ die Inklusionen bezeichnen und $1_{S_\varepsilon^{n+1}}$ die Identität auf S_ε^{n+1}.

Nach Satz 3.3.1 können wir die $q+1$-te Homotopiegruppe von $S_1^{n+1} \vee S_2^{n+1}$ folgendermaßen zerlegen

$$\pi_{q+1}(S_1^{n+1} \vee S_2^{n+1}) \cong \pi_{q+1}(S_1^{n+1}) \oplus \pi_{q+1}(S_2^{n+1}) \oplus \pi_{q+2}(S_1^{n+1} \times S_2^{n+1}, S_1^{n+1} \vee S_2^{n+1}). \quad (4.3)$$

Bezeichne mit

$$p_\varepsilon \colon (S_1^{n+1} \vee S_2^{n+1}, *) \to (S_\varepsilon^{n+1}, *)$$

die Projektionen. Dann sind

$$(p_\varepsilon)_\sharp\colon \pi_{q+1}(S_1^{n+1} \vee S_2^{n+1}) \to \pi_{q+1}(S_\varepsilon^{n+1}) \quad (\varepsilon = 1,2)$$

die Projektionen und

$$(i_\varepsilon)_\sharp\colon \pi_{q+1}(S_\varepsilon^{n+1}) \hookrightarrow \pi_{q+1}(S_1^{n+1} \vee S_2^{n+1}) \quad (\varepsilon = 1,2)$$

die Inklusionen der ersten beiden Summanden (siehe Bemerkung 3.3.2). Ebenfalls nach Bemerkung 3.3.2 ist die Inklusion

$$\pi_{q+2}(S_1^{n+1} \times S_2^{n+1}, S_1^{n+1} \vee S_2^{n+1}) \hookrightarrow \pi_{q+1}(S_1^{n+1} \vee S_2^{n+1})$$

der Randoperator ∂. Nun gilt nach Bemerkung 4.1.1

$$[\mu] = (i_1)_\sharp[1_{S_1^{n+1}}] + (i_2)_\sharp[1_{S_2^{n+1}}],$$

so dass

$$\mu_\sharp([f]) = ((i_1)_\sharp[1_{S_1^{n+1}}] + (i_2)_\sharp[1_{S_2^{n+1}}]) \circ [f]$$

gilt. Da Q die Projektion auf den dritten Summanden bezeichnet, erhalten wir mit Gleichung (4.3)

$$((i_1)_\sharp[1_{S_1^{n+1}}] + (i_2)_\sharp[1_{S_2^{n+1}}]) \circ \alpha = \mu_\sharp(\alpha) = (i_1)_\sharp(p_1)_\sharp\mu_\sharp(\alpha) + (i_1)\sharp(p_2)_\sharp\mu_\sharp(\alpha) + \partial Q\mu_\sharp(\alpha).$$

Nun sind $p_1 \circ \mu$ und $p_2 \circ \mu$ homotop zur Identität, also entsprechen $(p_1)_\sharp \circ \mu_\sharp = (p_1 \circ \mu)_\sharp$ und $(p_2)_\sharp \circ \mu_\sharp = (p_2 \circ \mu)_\sharp$ gerade der Identität $\pi_{q+1}(S^{n+1}) \to \pi_{q+1}(S^{n+1})$. Also wird die obige Gleichung zu

$$((i_1)_\sharp[1_{S_1^{n+1}}] + (i_2)_\sharp[1_{S_2^{n+1}}]) \circ [f] = (i_1)_\sharp[1_{S_1^{n+1}}] \circ [f] + (i_2)_\sharp[1_{S_2^{n+1}}] \circ [f] + \partial Q\mu_\sharp([f]). \quad (4.4)$$

Sei $h\colon \dot{E}^{2n+2} \to S^{2n+1}$ ein Homöomorphismus wie in der Definition von H (Definition 3.3.5). Dann ergibt sich mit der Natürlichkeit von ∂.

$$\begin{aligned} \partial Q\mu_\sharp([f]) &= \partial(\psi_{n+1,n+1})_\sharp(\psi_{n+1,n+1})_\sharp^{-1} Q\mu_\sharp([f]) \\ &= (\psi_{n+1,n+1})_\sharp\partial(\psi_{n+1,n+1})_\sharp^{-1} Q\mu_\sharp([f]) \\ &= (\psi_{n+1,n+1})_\sharp H([f]). \end{aligned} \quad (4.5)$$

Nun gilt nach Bemerkung 3.3.4

$$[\psi_{n+1,n+1}] = [(i_1)_\sharp[1_{S_1^{n+1}}], (i_2)_\sharp[1_{S_2^{n+1}}]]$$

und aus den Gleichungen (4.4), (4.5) erhält man somit

$$\begin{aligned} &(i_1)_\sharp[1_{S_1^{n+1}}] + (i_2)_\sharp[1_{S_2^{n+1}}] \\ &\quad = \mu_\sharp([f]) \\ &\quad = (i_1)_\sharp[1_{S_1^{n+1}}] \circ [f] + (i_2)_\sharp[1_{S_2^{n+1}}] \circ [f] + [(i_1)_\sharp[1_{S_1^{n+1}}], (i_2)_\sharp[1_{S_2^{n+1}}]] \circ H([f]). \end{aligned} \quad (4.6)$$

Das heißt die Behauptung stimmt für den Spezialfall

$$X = S_1^{n+1} \vee S_2^{n+1}$$

und

$$\beta_\varepsilon = (i_\varepsilon)_\sharp [1_{S_\varepsilon^{n+1}}]$$

mit $\varepsilon = 1, 2$.

Sei nun

$$g = g_1 \vee g_2 \colon S_1^{n+1} \vee S_2^{n+1} \to X.$$

Dann gilt nach der Definition der Addition (siehe Bemerkung 4.1.1)

$$[g \circ \mu] = [g_1] + [g_2].$$

Wir haben daher mit Gleichung (4.6)

$$\begin{aligned}
&([g_1] + [g_2]) \circ [f] = [g \circ \mu] \circ [f] = g_\sharp \mu_\sharp([f]) \\
&= g_\sharp((i_1)_\sharp[1_{S_1^{n+1}}] \circ [f] + (i_2)_\sharp[1_{S_2^{n+1}}] \circ [f] + [(i_1)_\sharp[1_{S_1^{n+1}}], (i_2)_\sharp[1_{S_2^{n+1}}]] \circ H([f])) \\
&= g_\sharp((i_1)_\sharp[1_{S_1^{n+1}}] \circ [f]) + g_\sharp((i_2)_\sharp[1_{S_2^{n+1}}] \circ [f]) + g_\sharp([(i_1)_\sharp[1_{S_1^{n+1}}], (i_2)_\sharp[1_{S_2^{n+1}}]]) \circ H([f])).
\end{aligned} \tag{4.7}$$

Nun gilt

$$\begin{aligned}
[g_\varepsilon] \circ [f] &= [g_\varepsilon \circ f] = [g \circ i_\varepsilon \circ f] \\
&= [g \circ i_\varepsilon \circ 1_{S_\varepsilon^{n+1}} \circ f] \\
&= (g_\sharp((i_\varepsilon)_\sharp[1_{S_\varepsilon^{n+1}}])) \circ [f],
\end{aligned} \tag{4.8}$$

und weiter nach Definition des Whiteheadproduktes (Definition 3.1)

$$\begin{aligned}
[[g_1], [g_2]] \circ H([f]) &= [g_\sharp(i_1)_\sharp[1_{S_1^{n+1}}], g_\sharp(i_2)_\sharp[1_{S_2^{n+1}}]] \circ H([f]) \\
&= g_\sharp([(i_1)_\sharp[1_{S_1^{n+1}}], [(i_2)_\sharp[1_{S_2^{n+1}}]]) \circ H([f])).
\end{aligned} \tag{4.9}$$

Die Gleichungen (4.7),(4.8) und (4.9) liefern insgesamt

$$([g_1] + [g_2]) \circ [f] = [g_1] \circ [f] + [g_2] \circ [f] + [[g_1], [g_2]] \circ H([f]).$$

□

Mit diesen Überlegungen können wir nun zeigen, dass H und γ auf $\pi_{2n+1}(S^{n+1})$ bis auf Vorzeichen übereinstimmen.

4.1.6 Satz. *Sei $n \geq 2$ und $[f] \in \pi_{2n+1}(S^{n+1})$. Dann gilt*

$$|H[f]| = \pm\gamma([f]).$$

Beweis. Ist $n+1$ ungerade, so gilt $\gamma([f]) = 0$ (Bemerkung 3.1.2) und nach Satz 4.1.4 ist $[f]$ ein Einhängungselement. Mit Satz 4.1.3 gilt also

$$H([f]) = 0.$$

Sei also $n+1$ gerade und bezeichne mit $1_{S^{n+1}} : S^{n+1} \longrightarrow S^{n+1}$ die Identität. Nach Satz 4.1.5 gilt dann

$$2[1_{S^{n+1}}]\circ[f] = ([1_{S^{n+1}}]+[1_{S^{n+1}}])\circ[f] = [1_{S^{n+1}}]\circ[f]+[1_{S^{n+1}}]\circ[f]+[[1_{S^{n+1}}],[1_{S^{n+1}}]]\circ H([f]). \tag{4.10}$$

Wenden wir die Hopf-Invariante auf beide Seiten dieser Gleichung an, so erhalten wir mit Satz 3.1.4

$$4\gamma([f]) = 1\cdot\gamma([f]) + 1\cdot\gamma([f]) + H([f])\cdot\gamma([[1_{S^{n+1}}],[1_{S^{n+1}}]]).$$

Dabei fassen wir $H([f])$ als Element von $\mathbb{Z} \cong \pi_{2n+1}(S^{2n+1})$ auf. Nun hat nach Satz 3.1.6 das Whitehead-Produkt

$$[[1_{S^{n+1}}],[1_{S^{n+1}}]]$$

Hopf-Invariante ± 2. Also folgt

$$4\gamma([f]) = 2\gamma([f]) \pm 2H([f]) \in \mathbb{Z}.$$

Damit erhalten wir

$$\gamma([f]) = \pm H([f]).$$

Wobei wir $H([f])$ als Element von $\mathbb{Z}$ aufgefasst haben. Sehen wir $H([f])$ als Element von $\pi_{2n+1}(S^{2n+1})$ an, so können wir diese Gleichung schreiben als

$$\gamma([f]) = \pm|H([f])|.$$

□

4.2 Vergleich der verallgemeinerten Hopfinvariante nach Whitehead mit der Definition nach Steenrod und der Definition nach Serre

In diesem Abschnitt werden wir sehen, dass sich die verallgemeinerte Hopf-Invariante nach Whitehead für $q = 2n$ bis auf Vorzeichen schreiben lässt als $\varphi\circ\eta^{-1}$ und das diese Komposition (ebenfalls bis auf Vorzeichen) nichts anderes ist als die Hopf-Invariante nach Steenrod. Dies wurde von Serre in [Ser53] gezeigt. Wir geben hier den Beweis von Serre in größerer Ausführlichkeit und orientieren uns dabei an den Überlegungen zur Hopf-Invariante aus [Spa66].

4.2.1 Proposition. *Für $n \geq 2$, $q \leq 3n-2$ und $[f] \in \pi_{2n+1}(S^{n+1})$ gilt:*

$$|H[f]| = |H'[f]|.$$

Beweis. Nach Definition von H' (vgl. Definition 3.3.7) gilt

$$\Sigma^2 \circ H' = H,$$

und für $q \leq 3n-2$ ist die doppelte Einhängung

$$\Sigma^2 \colon \pi_{q-1}(S^{2n-1}) \to \pi_{q+1}(S^{n+1})$$

nach Satz 2.5.1 ein Isomorphismus. Das heißt nach Definition von $|\cdot$ haben wir

$$|H[f]| = |\Sigma^2 \circ H'[f]| = |H[f]|.$$

□

Sei $\eta \colon \pi_{2n+1}(S^{n+1}) \to \pi_{2n}(\Omega S^{n+1})$ definiert wie auf Seite 13 und φ bezeichne den Hurewicz-Homomorphismus. Dann gilt der folgende Satz

4.2.2 Satz. *Sei $n \geq 2$ und $f \colon S^{2n+1} \to S^{n+1}$ eine Abbildung. Dann gilt:*

$$|H'[f]| = |\varphi\eta^{-1}[f]|.$$

Beweis. Aus der Homologiesequenz für das Paar $(\Omega S^{n+1}, S^n)$ und Proposition 2.3.2 folgt, dass die von der Inklusion $j \colon \Omega S^{n+1} \hookrightarrow (\Omega S^{n+1}, S^n)$ induzierte Abbildung

$$j_* \colon H_{2n}(\Omega S^{n+1}) \to H_{2n}(\Omega S^{n+1}, S^n)$$

ein Isomorphismus ist. Nach Eigenschaft des Hurewicz-Homomorphismus existiert folgendes kommutatives Diagramm (vgl. Eigenschaft 2 auf Seite 11):

$$\begin{array}{ccc} \pi_{2n}(E^{2n}, S^{2n-1}) & \xrightarrow{\partial} & \pi_{2n-1}(S^{2n-1}) \\ \downarrow{\scriptstyle\varphi} & & \downarrow{\scriptstyle\varphi} \\ H_{2n}(E^{2n}, S^{2n-1}) & \xrightarrow{\partial} & H_{2n-1}(S^{2n-1}) \end{array}$$

Aus den exakten Homologie- und Homotopiesequenzen für das Paar (E^{2n}, S^{2n-1}) und Proposition 2.3.2, sowie Satz 2.4.2 folgt, dass alle Abbildungen in diesem Diagramm Isomorphismen sind.

Sei

$$G \colon (E^{2n}, S^{2n-1}) \to (\Omega S^{n+1}, S^n)$$

definiert wie in Satz 3.3.9. Nach diesem Satz ist die induzierte Abbildung

$$G_\sharp \colon \pi_{2n}(E^{2n}, S^{2n-1}) \to \pi_{2n}(\Omega S^{n+1}, S^n)$$

ein Isomorphismus.

Nun ist nach Satz 3.3.8 die Gruppe $\pi_q(\Omega S^{n+1}, S^n)$ für $q \leq 2n-1$ trivial und ΩS^{n+1} ist für $n \geq 2$ einfach-zusammenhängend. Also folgt aus Satz 2.4.2, dass

$$\varphi \colon \pi_{2n}(\Omega S^{n+1}, S^n) \to H_{2n}(\Omega S^{n+1}, S^n)$$

ebenfalls ein Isomorphismus ist. Also liefert uns die Natürlichkeit des Hurewicz-Homomorphismus (vgl. Eigenschaft 3 auf Seite 11) das folgende kommutative Diagramm:

$$\begin{array}{ccccccc}
\pi_{2n}(\Omega S^{n+1}) & \xrightarrow{j_\sharp} & \pi_{2n}(\Omega S^{n+1}, S^n) & \xleftarrow[\cong]{G_\sharp} & \pi_{2n}(E^{2n}, S^{2n-1}) & \xrightarrow[\cong]{\partial} & \pi_{2n-1}(S^{2n-1}) \\
\downarrow \varphi & & \downarrow \varphi \, \cong & & \downarrow \varphi \, \cong & & \downarrow \varphi \, \cong \\
H_{2n}(\Omega S^{n+1}) & \xrightarrow[j_*]{\cong} & H_{2n}(\Omega S^{n+1}, S^n) & \xleftarrow[G_*]{} & H_{2n}(E^{2n}, S^{2n-1}) & \xrightarrow[\partial]{\cong} & H_{2n-1}(S^{2n-1})
\end{array}$$

Aus diesem Diagramm folgt, dass

$$G_*\colon H_{2n}(E^{2n}, S^{2n-1}) \to H_{2n}(\Omega S^{n+1}, S^n)$$

ein Isomorphismus ist

Das Diagramm liefert uns dann zusammen mit Satz 3.3.10 und der Definition von $|\cdot|$ am Anfang des Kapitels:

$$|H'[f]| = |\partial G_\sharp^{-1} j_\sharp \eta^{-1}[f]| = |\partial G_*^{-1} j_* \varphi \eta^{-1}[f]| = |\varphi \eta^{-1}[f]|.$$

□

Mit Proposition 4.2.1 erhalten wir zusammen mit diesem Satz sofort

4.2.3 Proposition. *Für $n \geq 2$, $q \leq 3n-2$ und $[f] \in \pi_{2n+1}(S^{n+1})$ gilt:*

$$|H[f]| = |\varphi \eta^{-1}[f]|.$$

Sei $f\colon S^{2n+1} \to S^{n+1}$ eine Abbildung und S_f der Abbildungszylinder von f (siehe Abschnitt 2.6). Mit PS_f bezeichne dann den Raum der Wege in S_f, die im Basispunkt von S_f beginnen. Sei weiter $\Omega S_f \subset PS_f$ der Raum der Schleifen in S_f und $P_{2n+1}S_f \subset PS_f$ sei der Raum der Wege in PS_f, die ihren Endpunkt in S^{2n+1} haben. Für die Wegefaserung

$$\alpha\colon PS_f \to S_f$$

von S_f gilt dann

$$\alpha^{-1}(\{*\}) = \Omega S_f$$

und

$$\alpha^{-1}(S^{2n+1}) = P_{S^{2n+1}} S_f.$$

Wir betrachten nun die Einschränkung der Wegefaserung α auf $P_{S^{2n+1}} S_f$

$$\alpha\colon P_{S^{2n+1}} S_f \to S^{2n+1}.$$

Diese Faserung hat die Faser ΩS_f. Da $S^{n+1} \subset S_f$ ein Deformationsretrakt von S_f ist, ist auch ΩS^{n+1} ein Deformationsretrakt von ΩS_f und es gilt somit

$$\Omega S_f \cong \Omega S^{n+1}.$$

Als Basispunkt für ΩS_f und ΩS^{n+1} sei jeweils die konstante Schleife gewählt, die wir auch mit ε bezeichnen.

Nach 2.2.3 induziert die Faserung α einen Isomorphismus

$$\alpha_\sharp \colon \pi_{2n+1}(P_{S^{2n+1}} S_f, \Omega S_f) \to \pi_{2n+1}(S^{2n+1}).$$

Wir können damit die folgende Proposition formulieren

4.2.4 Proposition. *Sei $n \geq 2$, $[f] \in \pi_{2n+1}(S^{n+1})$ und $f' \colon (E^{2n}, \dot{E}^{2n}) \to (\Omega S^{n+1}, \varepsilon)$ ein Repräsentant für $\eta^{-1}[f] \in \pi_{2n}(\Omega S^{n+1})$. Dann ist das Bild von $[1_{S^{2n+1}}]$ unter der Abbildung*

$$\bar{\partial} \colon \pi_{2n+1}(S^{2n+1}) \xrightarrow{\alpha_\sharp^{-1}} \pi_{2n+1}(P_{S^{2n+1}} S_f, \Omega S_f) \xrightarrow{\partial} \pi_{2n}(\Omega S_f) \xrightarrow{\cong} \pi_{2n}(\Omega S^{n+1})$$

gerade die Klasse $[f']$.

Beweis. Wir können f auffassen als Abbildung von $(S^{2n+1}, *)$ nach $(S^{n+1}, *)$ oder als Abbildung von $(E^{2n+1}, \dot{E}^{2n+1})$ nach $(S^{n+1}, *)$. Ein Repräsentant

$$f' \colon (E^{2n}, \dot{E}^{2n}) \to (\Omega S^{n+1}, \varepsilon)$$

für $\eta[f]$ ist dann gegeben durch

$$x \mapsto f(x, \cdot)$$

(siehe Seite 13), wobei wir f als Abbildung $(E^{2n+1}, \dot{E}^{2n+1}) \to (S^{n+1}, *)$ aufgefasst haben.

Sei nun $x = (x', s) \in E^{2n} \times [0,1] = E^{2n+1}$. Dann definiere folgende Wege in S_f

$$\begin{aligned} \omega_{x,f(x)} \colon [0,1] &\to S_f \\ t &\mapsto (x, 1-t) \end{aligned}$$

und

$$\begin{aligned} \lambda_{(x',s)} \colon [0,1] &\to S_f \\ t &\mapsto f(x', t \cdot s). \end{aligned}$$

Dann gilt

$$\lambda_{(x',s)}(0) = f(x', 0) = *,$$
$$\lambda_{(x',s)}(1) = f(x's)$$

und weiter für $(x', s) \in \dot{E}^{2n} \times [0,1]$

$$\lambda_{(x',s)}(1) = f(x', s) = *.$$

Wir können also eine Abbildung

$$F \colon (E^{2n} \times [0,1], \dot{E}^{2n} \times [0,1], *) \to (P_{S^{2n+1}} S_f, \Omega S_f, \varepsilon)$$

definieren durch

$$(x', s) \mapsto (\omega_{(*,1),(*,0)} \star \lambda_{(x',s)}) \star \omega^{-1}_{(x',s),f(x',s)}.$$

Anschaulich bedeutet das, dass wir einem Punkt (x', s) folgenden Weg zuordnen:

"laufe vom Basispunkt in S^{2n+1} zum Basispunkt in S^{n+1}, von da im Bild von f bis $f(x', s)$ und von dort nach $(x', s) \in S^{n+1}$."

Dabei sehen wir f als Abbildung $(S^{2n+1}, *) \to (S^{n+1}, *)$ an.

Da eine Abbildung $F\colon E^{2n+1} \times [0,1] \to PS_f$ genau dann stetig ist, wenn die Abbildung

$$\begin{aligned} \hat{F}\colon E^{2n+1} \times [0,1] &\to S_f \\ (x,y) &\mapsto F(x,y) \end{aligned}$$

stetig ist (Proposition 2.5.2), folgt die von F aus der Stetigkeit von f.

Für F und $x' \in E^{2n}$ gilt nun

$$F(x', 1) = (\omega_{(*,1),(*,0)} \star f'(x')) \star \omega^{-1}_{(*,1),(*,0)} \in \Omega S_f,$$

$$F(x', 0) = (\omega_{(*,1),(*,0)} \star \varepsilon) \star \omega^{-1}_{(*,1),(*,0)} \cong \varepsilon \in \Omega S_f$$

und weiter ist für $x' \in \dot{E}^{2n}$ der Weg $\bar{\omega}_{(x',s)}$ ebenfalls der konstante Weg ε. Das heißt $F(x', s) = \varepsilon \in \Omega S_f$ für $x' \in \dot{E}^{2n}$. Also ist F eine Abbildung

$$(E^{2n+1}, \dot{E}^{2n+1}, *) \to (P_{S^{2n+1}} S_f, \Omega S_f, \varepsilon).$$

Sei

$$g\colon (\dot{E}^{2n+1}, *) \to (\Omega S_f, \varepsilon)$$

gegeben durch

$$g(x) = \begin{cases} (\omega_{(*,1),(*,0)} \star f'(x')) \star \omega^{-1}_{(*,1),(*,0)} & \text{für } x = (x', s) \text{ mit } s = 1, \\ \varepsilon & \text{sonst.} \end{cases}$$

Nach diesen Überlegungen gilt

$$\partial[F] = [g]$$

und die Klasse $[g]$ entspricht dann unter dem von der kanonischen Retraktion induzierten Isomorphismus

$$\pi_{2n}(\Omega S_f) \xrightarrow{\cong} \pi_{2n}(\Omega S^{n+1})$$

der Klasse $[g']$, wobei

$$g'\colon (\dot{E}^{2n+1}, *) \to (\Omega S_f, \varepsilon)$$

gegeben ist durch

$$g'(x) = \begin{cases} f'(x') & \text{für } x = (x', s) \text{ mit } s = 1, \\ \varepsilon & \text{sonst.} \end{cases}$$

Da g' also auf einer zusammenziehbaren Menge konstant ist, ist g' homotop zu f', und es gilt somit

$$\partial[F] = [g] = [f'].$$

Weiter haben wir nach Definition von α und F:

$$\alpha(F(x)) = x$$

für $x \in E^{2n+1}$. Also gilt

$$\alpha_\sharp[F] = [1_{S^{2n+1}}].$$

Bezeichnen wir den Isomorphismus

$$\pi_{2n}(\Omega S_f) \xrightarrow{\cong} \pi_{2n}(\Omega S^{n+1})$$

mit β, so ergibt sich

$$\beta\partial\alpha_\sharp^{-1}[1_{S^{2n+1}}] = \beta\partial[F] = [f'].$$

□

4.2.5 Proposition. *Sei $n \geq 2$ und $[f] \in \pi_{2n+1}(S^{n+1})$ gegeben und*

$$f'\colon S^{2n} \to \Omega S^{n+1}$$

ein Repräsentant für $\eta^{-1}[f] \in \pi_{2n}(\Omega S^{n+1})$. Die Abbildung

$$f'_*\colon H_{2n}(S^{2n}) \to H_{2n}(\Omega S^{n+1})$$

entspricht der Multiplikation mit einer ganzen Zahl. Sei $m \in \mathbb{Z}$ diese Zahl, dann gilt:

$$H^{2n}(PS_f, P_{S^{2n+1}}S_f) \cong \mathbb{Z}/m\mathbb{Z}.$$

Beweis. Wir betrachten die Einschränkung der Wegefaserung von S_f

$$\Omega S_f \hookrightarrow P_{S^{2n+1}}S_f \xrightarrow{\alpha} S^{2n+1}.$$

Nach Proposition 4.2.4 wird das Bild von $[1_{S^{2n+1}}] \in \pi_{2n+1}(S^{2n+1})$ unter der Abbildung

$$\bar{\partial}\colon \pi_{2n+1}(S^{2n+1}) \xrightarrow{\alpha_\sharp^{-1}} \pi_{2n+1}(P_{S^{2n+1}}S_f, \Omega S_f) \xrightarrow{\partial} \pi_{2n}(\Omega S_f) \xrightarrow{\cong} \pi_{2n}(\Omega S^{n+1})$$

repräsentiert durch f'. Das bedeutet

$$\bar{\partial}[1_{S^{2n+1}}] = [f']. \tag{4.11}$$

Nun ist S^{2n+1} einfach-zusammenhängend, $H_q(\Omega S_f) \cong H_q(\Omega S^{n+1}) = 0$ für $q < n-1$, und $H_q(S^{2n+1}) = 0$ für $q < 2n$. Das heißt α induziert nach Proposition 2.2.4 einen Isomorphismus

$$\alpha_*\colon H_{2n+1}(P_{S^{2n+1}}S_f, \Omega S_f) \xrightarrow{\cong} H_{2n+1}(S^{2n+1}).$$

Also bekommen wir mit der Natürlichkeit des Hurewicz-Homomorphismus (vgl. Eigenschaft 3, Seite 11) folgendes kommutatives Diagramm

$$\begin{array}{ccccccc}
\mathbb{Z} \cong \pi_{2n+1}(S^{2n+1}) & \xrightarrow{\alpha_\sharp^{-1}} & \pi_{2n+1}(P_{S^{2n+1}}S_f, \Omega S_f) & \xrightarrow{\partial} & \pi_{2n}(\Omega S_f) & \xrightarrow{\cong} & \pi_{2n}(\Omega S^{n+1}) \\
\cong \downarrow \varphi & & \downarrow \varphi & & \downarrow \varphi & & \downarrow \varphi \\
\mathbb{Z} \cong H_{2n+1}(S^{2n+1}) & \xrightarrow{\alpha_*^{-1}} & H_{2n+1}(P_{S^{2n+1}}S_f, \Omega S_f) & \xrightarrow{\partial} & H_{2n}(\Omega S_f) & \xrightarrow{\cong} & H_{2n}(\Omega S^{n+1})
\end{array}$$

Bezeichnen wir die Komposition der Abbildungen in der unteren Reihe mit $\bar{\partial}'$, so liefert uns das Diagramm mit Gleichung (4.11)

$$\bar{\partial}'(1) = \varphi\bar{\partial}[1_{S^{2n+1}}] = \varphi[f'].$$

Ist σ ein fest gewählter Erzeuger von $H_{2n}(S^{2n})$, dann gibt es einen Erzeuger $\lambda \in H_{2n}(\Omega S^{n+1})$, so dass

$$f'_*(\sigma) = m\lambda$$

gilt. Nun ist aber

$$\varphi[f'] = f'_*(\sigma)$$

und damit

$$\mathrm{Cok}(\bar{\partial}') = H^{2n}(\Omega S^{n+1})/\mathrm{Im}(\bar{\partial}') \cong \mathbb{Z}/m\mathbb{Z}. \tag{4.12}$$

Die exakte Homologiesequenz für das Paar $(P_{S^{2n+1}}S_f, \Omega S_f)$ liefert uns eine exakte Sequenz

$$\ldots \to H_{2n+1}(P_{S^{2n+1}}S_f, \Omega S_f) \xrightarrow{\partial} H_{2n}(\Omega S_f)$$
$$\xrightarrow{i_{2n}} H_{2n}(P_{S^{2n+1}}S_f) \xrightarrow{j_{2n}} H_{2n}(P_{S^{2n+1}}S_f, \Omega S_f) \to \ldots$$

Bezeichnen wir den Isomorphismus $H_{2n}(\Omega S^{n+1}) \xrightarrow{\cong} H_{2n}(\Omega S_f)$ mit β und definieren $\bar{i}_{2n} = i_{2n} \circ \beta$, sowie $\bar{j}_{2n} = \alpha_* \circ j_{2n}$, so bekommen wir daraus die exakte Sequenz

$$\ldots \to H_{2n+1}(S^{2n+1}) \xrightarrow{\bar{\partial}'} H_{2n}(\Omega S^{n+1}) \xrightarrow{\bar{i}_{2n}} H_{2n}(P_{S^{2n+1}}S_f) \xrightarrow{\bar{j}_{2n}} H_{2n}(S^{2n+1}) \to \ldots$$

Bekanntlich ist $H_{2n}(S^{2n+1}) = 0$ (Proposition 2.3.2), also ist $H_{2n}(P_{S^{2n+1}}S_f)$ der Kokern von $\bar{\partial}'$. Mit (4.12) folgt daraus

$$H_{2n}(P_{S^{2n+1}}S_f) \cong \mathrm{Cok}(\bar{\partial}') \cong \mathbb{Z}/m\mathbb{Z}. \tag{4.13}$$

Da ΩS^{n+1} ein Deformationsretrakt von ΩS_f ist, liefert uns die Wang-Sequenz für die Faserung

$$\Omega S_f \hookrightarrow P_{S^{2n+1}}S_f \to S^{2n+1}$$

(Satz 2.3.8) die exakte Sequenz

$$0 \to H_{2n+1}(P_{S^{2n+1}}S_f) \to H_0(\Omega S^{n+1}) \to H_{2n}(\Omega S^{n+1}) \to H_{2n}(P_{S^{2n+1}}S_f) \to 0.$$

Mit Gleichung (4.13) und den Proposition 2.3.1 wird diese exakte Sequenz zu

$$0 \to H_{2n+1}(P_{S^{2n+1}}S_f) \to \mathbb{Z} \to \mathbb{Z} \to \mathbb{Z}/m\mathbb{Z} \to 0.$$

Ist $m = 0$, so ist die mittlere Abbildung $\mathbb{Z} \to \mathbb{Z}$ die Nullabbildung, da die Abbildung $\mathbb{Z} \to \mathbb{Z}/m\mathbb{Z}$ hier surjektiv und injektiv ist. Das heißt

$$H_{2n+1}(P_{S^{2n+1}}S_f) \cong \mathbb{Z}. \tag{4.14}$$

Ist $m \neq 0$, so entspricht die mittlere Abbildung $\mathbb{Z} \to \mathbb{Z}$ der Multiplikation mit m. Damit ist $H_{2n+1}(P_{S^{2n+1}} S_f)$ als Kern dieser Abbildung gleich 0, also

$$H_{2n+1}(P_{S^{2n+1}} S_f) \cong 0. \tag{4.15}$$

Aus den Gleichungen (4.13), (4.14) und (4.15) folgt mit dem Universellen Koeffizientensatz für Kohomologie (Satz 2.3.6)

$$H^{2n+1}(P_{S^{2n+1}} S_f) \cong \mathbb{Z}/m\mathbb{Z}$$

und aus der Kohomologiesequenz für das Paar $(P_{S^{2n+1}} S_f, \Omega S_f)$ erhält man damit

$$H^{2n+1}(P_{S^{2n+1}} S_f, \Omega S_f) \cong H^{2n+1}(P_{S^{2n+1}} S_f) \cong \mathbb{Z}/m\mathbb{Z}.$$

□

4.2.6 Proposition. *Sei $[f] \in \pi_{2n+1}(S^{n+1})$ und S_f der Abbildungszylinder von f. Sei weiter*

$$\alpha \colon PS_f \to S_f$$

die Wegefaserung von S_f. Seien die Erzeuger $\hat{\eta}_f$ von $H^{n+1}(S_f, S^{2n+1})$ und $\delta^*(\xi)$ von $H^{2n+2}(S_f, S^{2n+1})$ definiert wie in Abschnitt 3.2. Dann ist

$$H^{2n+2}(PS_f, P_{S^{2n+1}} S_f)$$

genau dann unendlich zyklisch, wenn

$$\hat{\eta}_f \smile \hat{\eta}_f = 0$$

gilt, und hat Ordnung m, genau dann wenn

$$\hat{\eta}_f \smile \hat{\eta}_f = m\delta^*(\xi)$$

gilt.

Beweis. Wir berechnen die Ordnung von $H^{2n+2}(PS_f, P_{S^{2n+1}} S_f)$ mit Hilfe der Serre-Kohomologie-Spektralfolge (E_r, d_r) für die Faserung $PS_f \to S_f$ und $S^{2n+1} \subset S_f$ (vgl. Satz 2.7.7).

Da ΩS^{n+1} ein Deformationsretrakt von ΩS_f ist, gilt

$$H^q(\Omega S_f) \cong H^q(\Omega S^{n+1}).$$

Nach Proposition 2.6.2 und 2.3.2 ist

$$H^p(S_f, S^{2n+1}) = \begin{cases} \mathbb{Z} & p = 0, n+1, 2n+2, \\ 0 & \text{sonst}, \end{cases} \tag{4.16}$$

und weiter nach Proposition 2.3.1

$$H^q(\Omega S^{n+1}) = \begin{cases} \mathbb{Z} & \text{falls } q = n \cdot k, \\ 0 & \text{sonst.} \end{cases}$$

Das heißt mit Bemerkung 2.3.4

$$\begin{aligned} E_2^{p,q} &\cong H^p(S_f, S^{2n+1}; H^q(\Omega S_f)) \cong H^p(S_f, S^{2n+1}; H^q(\Omega S^{n+1})) \\ &\cong H^p(S_f, S^{2n+1}) \otimes H^q(\Omega S^{n+1}), \end{aligned} \tag{4.17}$$

und damit

$$E_2^{p,q} = \begin{cases} \mathbb{Z} \otimes \mathbb{Z} \cong \mathbb{Z} & p = 0, n+1, 2n+2 \text{ und } q = n \cdot k, \\ 0 & \text{sonst.} \end{cases} \tag{4.18}$$

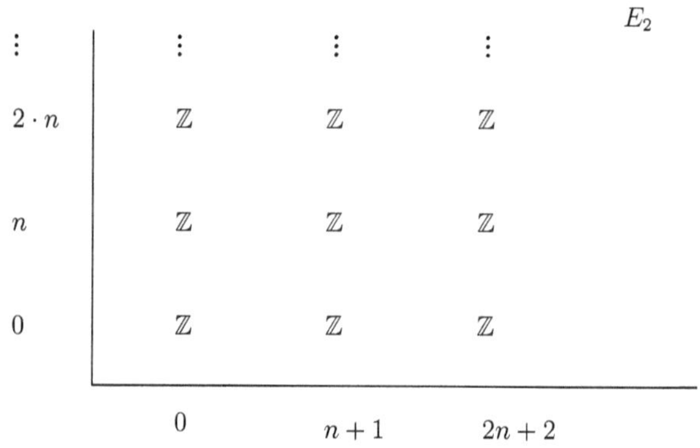

Abbildung 4.1: Zweite Seite der Spektralfolge $(E_r, d_r)_r$

Also folgt, dass für $p + q = 2n + 2$ nur

$$E_2^{2n+2,0} \cong H^{2n+2}(S_f, S^{2n+1}) \otimes H^0(\Omega S^{n+1})$$

nicht-trivial ist, und für $p + q = 2n + 1$ ist nur

$$E_2^{n+1,n} \cong H^{n+1}(S_f, S^{2n+1}) \otimes H^n(\Omega S^{n+1})$$

nicht-trivial.

Da $(E_r, d_r)_r$ gegen $H^\bullet(PS_f, P_{S^{2n+1}} S_f)$ konvergiert, gibt es eine Filtration $F^\bullet$ von $H^\bullet(PS_f, P_{S^{2n+1}} S_f)$, so dass

$$E_\infty^{p,q} = \operatorname{bgr}(H^\bullet(PS_f, P_{S^{2n+1}} S_f), F^\bullet)_{p,q}$$

für alle p, q gilt. Nun ist für $p+q = 2n+2$ der einzig nicht-triviale Eintrag $E_2^{2n+2,0}$, also hat die Filtration nach Proposition 2.7.6 die Form

$$\begin{aligned}\{0\} = F^0 H^{2n+2}(PS_f, P_{S^{2n+1}}S_f) &= \dots \\ &= F^{2n+1}H^{2n+2}(PS_f, P_{S^{2n+1}}S_f) \\ &\subset F^{2n+2}H^{2n+2}(PS_f, P_{S^{2n+1}}S_f) \\ &= H^{2n+2}(PS_f, P_{S^{2n+1}}S_f).\end{aligned}$$

Damit folgt

$$\begin{aligned}&H^{2n+2}(PS_f, P_{S^{2n+1}}S_f) \\ &= F^{2n+2}H^{2n+2}(PS_f, P_{S^{2n+1}}S_f) \\ &\cong F^{2n+2}H^{2n+2}(PS_f, P_{S^{2n+1}}S_f)/F^{2n+1}H^{2n+2}(PS_f, P_{S^{2n+1}}S_f) \\ &\cong \operatorname{bgr}(H^\bullet(PS_f, P_{S^{2n+1}}S_f), F^\bullet)_{2n+2,0} \\ &\cong E_\infty^{2n+2,0}\end{aligned}$$

Nach Gleichung (4.18) müssen alle Differentiale d_r für $r \neq n+1$ trivial sein. Daher stabilisiert sich die Spektralfolge E_r und mit Proposition 2.7.2 gilt

$$E_\infty^{p,q} = E_{n+2}^{p,q}$$

für alle p, q. Das heißt

$$H^{2n+2}(PS_f, P_{S^{2n+1}}S_f) \cong E_\infty^{2n+2,0} \cong E_{n+2}^{2n+2,0} \cong E_{n+1}^{2n+2,0}/d_{n+1}(E_{n+1}^{n+1,n}).$$

Weiter gilt, wegen $d_r = 0$ für $r < n+1$,

$$E_2^{p,q} = E_{n+1}^{p,q}.$$

Das bedeutet

$$H^{2n+2}(PS_f, P_{S^{2n+1}}S_f) \cong E_2^{2n+2,0}/d_{n+1}(E_2^{n+1,n}). \tag{4.19}$$

Da $E^{2n+2,0}$ isomorph zu $\mathbb{Z}$ ist, gilt es das Bild von $E_2^{n+1,n}$ unter d_{n+1} zu berechnen. Dazu sei $('E_r, 'd_r)_r$ die Serre-Kohomologie-Spektralfolge für die Faserung

$$\alpha\colon PS_f \to S_f$$

(Satz 2.7.7). Für diese Spektralfolge gilt

$${}'E_2^{p,q} \cong H^p(S_f; H^q(\Omega S_f)) \cong H^p(S_f; H^q(\Omega S^{n+1})).$$

Aus der Kohomologie-Sequenz für das Paar (S_f, S^{2n+1}) folgt mit Gleichung (4.16)

$$H^r(S_f) \cong H^r(S_f, S^{2n+1}) \cong \begin{cases}\mathbb{Z} & \text{für } r = 0, n+1, 2n+2 \\ 0 & \text{sonst.}\end{cases}$$

für $r \neq 2n, 2n+1$. Mit Bemerkung 2.3.4 gilt also für $p < 2n$

$$'E_2^{p,q} \cong H^p(S_f) \otimes H^q(\Omega S^{n+1}) \cong \begin{cases} \mathbb{Z} & p = 0, n+1 \text{ und } q = k \cdot n, \\ 0 & \text{sonst.} \end{cases}$$

Das heißt erst für $r = n+1$ können die Differentiale d_r für $p < 2n$ nicht-trivial sein, also haben wir

$$'E_{n+1}^{p,q} \cong' E_2^{p,q} \cong H^p(S_f) \otimes H^q(\Omega S^{n+1})$$

für $p < 2n$.

Sei $\hat{\eta}'_f$ der Erzeuger von $H^{n+1}(S_f)$ der unter dem Isomorphismus

$$H^{n+1}(S_f) \xrightarrow{\cong} H^{n+1}(S_f, S^{2n+1})$$

dem Erzeuger $\hat{\eta}_f$ entspricht.

Nun konvergiert die Spektralfolge $('E_r,' d_r)_r$ gegen $H^\bullet(PS_f)$. Da PS_f als Wegeraum von S_f zusammenziehbar ist, gilt $H^r(PS_f) = 0$ für $r \neq 0$. Es gibt also einen Erzeuger $1 \otimes \omega$ von $'E_{n+1}^{0,n}$, der von $'d_{n+1}$ auf den Erzeuger $\hat{\eta}'_f \otimes 1$ von $'E_{n+1}^{n+1,0}$ abgebildet wird, das heißt

$$'d_{n+1}(1 \otimes \omega) = \hat{\eta}'_f \otimes 1.$$

Dann ist $\hat{\eta}_f \otimes \omega$ ein Erzeuger für $H^{n+1}(S_f, S^{2n+1}) \otimes H^n(\Omega S^{n+1}) \cong E_2^{n+1,n}$.

Bezeichne mit h die Paarung der Spektralfolgen $(E_r, d_r)_r$ und $('E_r,' d_r)_r$ zu der Spektralfolge $(E_r, d_r)_r$ (siehe Satz 2.7.9). Nun ist $1 \in H^0(\Omega S^{n+1})$ bzw. $1 \in H^0(S_f)$ das neutrale Element bezüglich des Cup-Produktes. Also liefert die Paarung h dann mit $d_{n+1}(\hat{\eta}_f \otimes 1) \in E^{2n+2,-n} = 0$ und der "Ableitungsregel" (2.2)

$$\begin{aligned} d_{n+1}(\hat{\eta}_f \otimes \omega) &= d_{n+1}(\hat{\eta}_f \smile 1 \otimes 1 \smile \omega) \\ &= d_{n+1}(\pm h_{n+1}(\hat{\eta}_f \otimes 1, 1 \otimes \omega)) \\ &= \pm h_{n+1}(d_{n+1}(\hat{\eta}_f \otimes 1), 1 \otimes \omega) \pm h_{n+1}(\hat{\eta}_f \otimes 1, d_{n+1}(1 \otimes \omega)) \\ &= \pm h_{n+1}(0, 1 \otimes \omega) \pm h_{n+1}(\hat{\eta}_f \otimes 1, \hat{\eta}'_f \otimes 1) \\ &= \pm 0 \smile 1 \otimes 0 \smile \omega \pm \hat{\eta}_f \smile \hat{\eta}'_f \otimes 1 \\ &= \pm \hat{\eta}_f \smile \hat{\eta}'_f \otimes 1 \end{aligned}$$

Das $\pm$ in dieser Gleichung bekommt man dabei aus der "Ableitungsregel" (2.2) (Definition 2.7.8) und aus Satz 2.7.9.

Mit den Gleichungen (4.17) und (4.19) folgt daraus, dass $H^{2n+2}(PS_f, P_{S^{2n+1}}S_f)$ genau dann unendlich zyklisch, wenn $\hat{\eta}_f \smile \hat{\eta}_f = 0$. Und

$$H^{2n+2}(PS_f, P_{S^{2n+1}}S_f) = E_2^{2n+2,0}/d_{n+1}(E_2^{n+1,n})$$

hat Ordnung m, genau dann wenn

$$\hat{\eta}_f \smile \hat{\eta}_f = \pm m \cdot \delta(\xi).$$

□

Aus diesen Überlegungen erhalten wir nun den folgenden Satz:

4.2.7 Satz. *Sei $n \geq 2$ und $f\colon S^{2n+1} \to S^{n+1}$ eine Abbildung, dann gilt*

$$\check{\gamma}(f) = \pm|H[f]|.$$

Beweis. Mit den Bezeichnungen von Definition 3.2.1 ist zu zeigen, dass

$$\hat{\eta}_f^2 = \pm|H[f]|\delta(\xi)$$

gilt. Nach Proposition 4.2.1 gilt

$$|H[f]| = |H'[f]| \tag{4.20}$$

und nach Satz 4.2.2

$$|H'[f]| = |\varphi\eta^{-1}[f]|. \tag{4.21}$$

Sei $f'\colon S^{2n} \to \Omega S^{n+1}$ gegeben durch

$$f'(x) = f(x, \cdot)$$

für $x \in S^{2n+1}$. Dann ist f' ein Repräsentant für $\eta^{-1}[f]$, und es gilt

$$|\varphi\eta^{-1}[f]| = |\varphi[f']| = |f'_*(\sigma)|, \tag{4.22}$$

wobei σ einen festen Erzeuger von $H_{2n}(S^{2n}) \cong \mathbb{Z}$ bezeichnet und

$$f'_*\colon H_{2n}(S^{2n}) \to H_{2n}(\Omega S^{n+1})$$

von f' induziert ist. Sei $m \in \mathbb{Z}$ der Grad von f'_*. Das heißt es gibt einen Erzeuger λ von $H_{2n}(\Omega S^{n+1}) \cong \mathbb{Z}$, so dass

$$f'_*(\sigma) = m \cdot \lambda$$

gilt. Also folgt

$$\pm|f'_*(\sigma)| = m.$$

Aus den Gleichungen (4.20), (4.21) und (4.22) erhält man

$$\pm|H[f]| = m. \tag{4.23}$$

Nach Proposition 4.2.5 gilt

$$H^{2n+2}(PS_f, P_{S^{2n+1}}S_f) \cong \mathbb{Z}/m\mathbb{Z}.$$

und nach Proposition 4.2.6 ist dies genau dann der Fall, wenn

$$\hat{\eta}_f^2 = m\delta^*(\xi).$$

Mit Gleichung (4.23) folgt daraus

$$\hat{\eta}_f^2 = \pm|H[f]|\delta^*(\xi).$$

□

4.3 Bemerkung zu Satz 4.1.6

Der Beweis zu Satz 4.1.6 benötigt für den Fall das $n+1$ gerade ist nur die Gleichheit

$$2[1_{S^{n+1}}] \circ [f] = [1_{S^{n+1}}] \circ [f] + [1_{S^{n+1}}] \circ [f] + [1_{S^{n+1}}], [1_{S^{n+1}}]] \circ H([f])$$

(vgl. 4.1.5) und die wesentlichen Eigenschaften der Hopf-Invariante (vgl. Satz 3.1.4 und Satz 3.1.6). Diese Beobachtungen führen uns zum folgenden Satz

4.3.1 Satz. *Sei $n \geq 2$ und seien $f\colon S^{2n+1} \to S^{n+1}$, $g\colon S^{2n+1} \to S^{2n+1}$ sowie $h\colon S^{n+1} \to S^{n+1}$ Abbildungen. Bezeichne mit $d(g)$ und $d(h)$ den Grad von g bzw. h. Sei weiter $1_{S^{n+1}}\colon S^{n+1} \to S^{n+1}$ die Identität.*
Sind nun $\Gamma_1, \Gamma_2\colon \pi_{2n+1}(S^{n+1}) \to \mathbb{Z}$ Homomorphismen mit ($\varepsilon = 1, 2$)

(1) $\Gamma_\varepsilon([f] \circ [g]) = d(g) \cdot \Gamma_\varepsilon([f])$,

(2) $\Gamma_\varepsilon([h] \circ [f]) = d(h)^2 \cdot \Gamma_\varepsilon([f])$,

(3) $\Gamma_\varepsilon([[1_{S^{n+1}}], [1_{S^{n+1}}]]) = \pm 2$ *für $n+1$ gerade,*

(4) $\Gamma_\varepsilon = 0$ *für $n+1$ ungerade.*

So gilt

$$\Gamma_1([f]) = \pm\Gamma_2([f]).$$

Beweis. Der Fall $n+1$ ungerade ist mit Bedingung (4) trivial. Sei also $n+1$ gerade. Nach Satz 4.1.5 haben wir die Gleichung

$$2[1_{S^{n+1}}] \circ [f] = [1_{S^{n+1}}] \circ [f] + [1_{S^{n+1}}] \circ [f] + [[1_{S^{n+1}}], [1_{S^{n+1}}]] \circ H([f]).$$

Wenden wir Γ_ε auf diese Gleichung an, so erhalten wir mit den Eigenschaften (1)-(3) ähnlich wie im Beweis zu Satz 4.1.6 (vgl. dort Gleichung (4.10)):

$$\begin{aligned} 4\Gamma_\varepsilon([f]) &= \Gamma_\varepsilon([f])(2[1_{S^{n+1}}] \circ [f]) \\ &= \Gamma_\varepsilon(2[1_{S^{n+1}}] \circ [f] + [[1_{S^{n+1}}], [1_{S^{n+1}}]] \circ H([f])) \\ &= 2\Gamma_\varepsilon([f]) \pm 2|H([f])|. \end{aligned}$$

Das heißt

$$2\Gamma_\varepsilon([f]) = \pm 2|H([f])|$$

und damit gilt

$$\Gamma_1([f]) = \pm\Gamma_2([f]).$$

□

4.3.2 Bemerkung. 1. Jede Invariante die die Eigenschaften des Satzes erfüllt, stimmt also mit der Hopf-Invariante γ bis auf Vorzeichen überein.

2. Man kann auch zeigen, dass die Definition von Steenrod zu dem gleichen Ergebnis führt wie die Definition von Hopf, indem man die Eigenschaften (1)-(4) aus dem Satz für $\tilde{\gamma}$ nachrechnet. Für einen Beweis, das $\tilde{\gamma}$ diese Bedingungen erfüllt siehe z.b. [HW67, Seite 383, Theorem 9.5.9].

Symbolverzeichnis

Literaturverzeichnis

[Hat02] A. Hatcher. *Algebraic Topology.* Camebridge University Press, 2002.

[Hat04] A. Hatcher. *Spectral Sequences in Algebraic Topology.* http://www.math.cornell.edu/~hatcher/, 2004.

[Hil66] P.J. Hilton. *An Introduction to Homotopy Theory.* Camebridge University Press, 1966.

[Hop] H. Hopf. Über die Abbildungen der dreidimensionalen Sphäre auf die Kugelfläche.

[Hop35] H. Hopf. Über die Abbildungen von Sphären auf Sphären niedriger Dimension. *Fund. Math.*, 25:427–440, 1935.

[Hu71] S.-T. Hu. *Homotopy Theory.* Academic Press, Inc., 5. edition, 1971.

[HW67] P.J. Hilton and S. Wylie. *Homology Theory - An Introduction to Algebraic Topology.* Camebridge University Press, 1967.

[Oss92] E. Ossa. *Topologie.* Vieweg, 1992.

[Ser53] J.-P. Serre. Groupes D'Homotopie et Classes de Groupes Abéliens. *Ann. of Math.*, 58:258–294, 1953.

[Spa66] E.H. Spanier. *Algebraic Topology.* Springer, 1966.

[ST80] H. Seifert and W. Threlfall. *A Textbook of Topology.* Academic Press, 1980.

[Ste49] N. E. Steenrod. Cohomology invariants of mappings. *Ann. of Math.*, 50:954–988, 1949.

[Whi50] G. W. Whitehead. A Generalization of the Hopf-Invariant. *Ann. of Math.*, 51:192–237, 1950.

[Whi53] G. W. Whitehead. On the Freundenthal Theorems. *Ann. of Math.*, 57:209–228, 1953.